KB133920

미세먼지

어떻게 해결할까?

미세먼지, 어떻게 해결할까?

1판 1쇄 발행 2024년 3월 15일

지은이   이충환

편집   이용혁
디자인   이승용

펴낸이   이경민
펴낸곳   ㈜동아엠앤비
출판등록   2014년 3월 28일(제25100-2014-000025호)
주소   (03972) 서울특별시 마포구 월드컵북로22길 21, 2층
홈페이지   www.dongamnb.com
전화   (편집) 02-392-6901 (마케팅) 02-392-6900
팩스   02-392-6902
SNS   🅵 🅾 🅱log
전자우편   damnb0401@naver.com

ISBN   979-11-6363-797-4 (44400)

팩트로 접근하는 미세먼지의 공포와 대처법

미세먼지
어떻게 해결할까?

이충환 지음

PM 2.5
AIR POLLUTION ALERT

KF94

동아엠앤비

미세먼지 문제, '팩트'로 해부하다

"잠에서 깬 개구리가 질식할 사상 최악의 미세먼지가 전국을 덮쳤다." 이 문구는 2019년 3월 5일 자 경향신문의 보도 중 일부다.

"2053년 오랫동안 비가 내리지 않는 가운데 인공강우 실험이 계속 실패하고 있다. 예보에 따르면, 미세먼지 농도는 '매우 나쁨' 기준의 10배가 넘어설 것으로 예상된다. 가뭄으로 갈라져 있는 땅과 짙은 미세먼지가 가득한 대기를 피해 안전한 지하 공간에 살아가는 사람들에게 푸른 숲과 파란 하늘은 디스플레이를 통해서만 보일 뿐이다." 이 내용은 2018년 9월에 발표된 SF 웹드라마 '고래먼지'의 설정이다.

우리나라 미세먼지의 현실은 어떤 모습일까. 일부 언론에서 보도하는 내용처럼 '사상 최악의 미세먼지'에 덮여 있을까. 우리 미래의 모습도

미세먼지를 소재로 한 SF 웹드라마 '고래먼지'. © 삼성전자

웹드라마의 시나리오처럼 암울하기만 할까. 사실 제대로 알고 보면, 한국의 대기오염은 '세계 최악'이 아니고, 지금의 미세먼지도 '사상 최악'은 아니다. 혹시 미세먼지에 대한 우리나라 국민의 염려가 역대 최고인 것은 아닐지 모르겠다. 심지어 먼지 공포란 뜻의 '더스트 포비아'란 말까지 나오고 있다.

1980년대 서울의 대기오염이 매우 심각해 1988년 서울 올림픽 개최가 확정됐을 때 외국 언론에서 운동선수들이 서울에서 경기하기 어려울 수 있다고 우려하는 보도를 하기도 했다. 정부는 서울 올림픽을 준비하며 먼지를 포함한 대기오염물질을 줄이려고 노력했다. 또 2002년 월드컵을 준비하면서도 대기오염을 줄이기 위해 대기오염물질 불법 배출행위를 단속하고 차량 2부제를 실시하며 경유 버스를 압축천연가스(CNG) 버스로 전환하는 식으로 다양한 노력을 했다. 그럼에도 우리나라가 미세먼지 오염에서 벗어나진 못했다.

2010년대 들어 미세먼지 오염은 국민의 관심이 높아지면서 사회 문제로 떠올랐다. 2012~2013년을 기점으로 미세먼지를 다루는 인터넷 뉴스 기사가 급증했고, 구글이나 네이버 같은 검색엔진에서 미세먼지로 검색한 양도 많아졌다. 언론도 미세먼지 관련 보도 경쟁을 벌이면서 일부에서 중국발 미세먼지 프레임을 전파하자, 국민의 불안과 짜증도 심해져 갔다. 정부에서는 미세먼지 관련 연구개발(R&D) 사업들을 다수 추진하는 동시에 각종 법과 제도를 만들어 미세먼지 문제에 대응하는 한편, 미세먼지 문제를 해결하고자 중국과의 논의와 협력도 이어갔다.

미세먼지는 과학적으로 이해해야 하는 주제이긴 하지만, 미세먼지 문

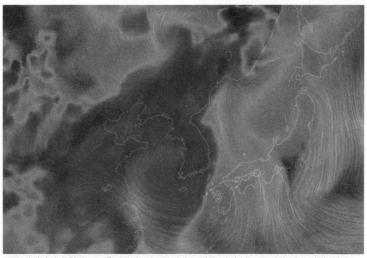

중국 미세먼지가 한반도로 흘러들어 오는 증거라고 잘못 퍼진 널스쿨 기상 지도 사진. 실제로는 일산화탄소의 흐름이다. © nullschool

제는 과학뿐만 아니라 저널리즘과 커뮤니케이션, 정책, 외교 등과 관련된 민감한 이슈이기도 하다. 그만큼 논의해야 할 범주도 넓고, 일부에서는 정부의 미세먼지 대응에 관해 오해와 불신을 지니고 있으며 가짜 정보나 가짜 뉴스도 돌고 있어 취급하기도 쉽지 않은 문제다.

이 책에서는 미세먼지의 공포와 실질적 위험부터 미세먼지의 정체와 발생원인, 미세먼지 배출 및 오염 현황과 관리, 미세먼지 예보와 경보, 미세먼지에 대한 각종 대처법(국가 R&D 포함), 국제협력까지 다방면으로 다루면서 미세먼지 문제를 해부했다. 기본적으로 '팩트(사실)'에 기반해 각 파트를 정리했으며, 정부나 일부 언론, 일부 국민의 입장을 일방적으로 대변하지 않으려고 노력했다.

아무쪼록 이 책이 미세먼지 문제를 둘러싼 다양한 담론을 접하는 장이 되고, 미세먼지 문제를 이해하고 그 해결책을 찾으려는 사람들에게 조금이나마 도움이 되면 좋겠다.

서울 충무로 한 사무실에서

차례

1부

미세먼지의
공포와 위험

1. 미세먼지의 공포

아침에 외출하기 전에 비나 눈이 오기를 걱정하기보다 미세먼지 오염
도가 심각하지 않을까를 더 염려하는 시대가 됐다. 미세먼지에 대한 일
부의 반응은 단순한 염려를 넘어서서 극심한 공포를 보이기도 한다. 이
런 공포가 과한 것은 아닐까.

미세먼지가 심한 서울 하늘.

영화나 드라마 속 미세먼지

미세먼지가 심한 날에는 멀리 있는 산이나 건물이 잘 보이지 않을 정도로 시야가 흐려진다. 그러면 재난영화의 한 장면이 아닌가 하는 섬뜩함이 들 때가 있다. 실제로 2018년에 개봉된 프랑스 영화 '인 더 더스트 (Just a Breath Away)'가 미세먼지로 인해 발생한 자연재해를 다루고 있다. 유럽 곳곳에 강력한 지진이 일어나는 가운데 프랑스 파리에 지진과 함께 미세먼지가 차오르며 많은 사람이 죽음에 이르게 된다. 이 영화는 국내에서 미세먼지 논란이 한창일 때 개봉되면서 큰 주목을 받았다.

같은 해 환경부에서는 시나리오를 심사해 단편영화 2편과 다큐멘터리영화 1편을 선정하고 제작비를 지원한 뒤 시사회를 여는 공모전 '제1회 환경단편영화 [숨:]'을 개최했다. 이렇게 탄생한 3편의 영화가 김지영 감독의 단편영화 '벌레', 송현석 감독의 단편영화 '식물인간', 이옥섭 감독의 다큐멘터리영화 '세 마리'인데, 모두 미세먼지가 가득한 세상을 그리고 있다. 이 공모전은 영화 작품을 통해 미세먼지 문제의 심각성을 알리고자 하는 목적으로 진행됐다.

2018년 9월엔 삼성전자가 '고래먼지'라는 4부작 SF 웹드라마를 제작해 발표하기도 했다.

환경단편영화 [숨:] 제작지원 공모전. ⓒ 환경부

2053년 한국을 배경으로 한 이 드라마에는 한 소녀와 기상캐스터가 인공지능과 함께 바다를 찾아 떠나는 이야기를 담았는데, 고농도 미세먼지가 중요한 설정으로 등장한다. 미래 뉴스에서는 미세먼지 농도가 '매우 나쁨' 기준의 10배를 넘어서는 $1527\mu g/m^3$를 기록할 것이라는 예보를 전하고, 인공강우 실험이 계속 실패하고 있다는 소식도 전한다. 사람들은 완벽하게 제어된 지하 공간에서 살아가고, 푸른 숲과 파란 하늘은 디스플레이에 나타날 뿐이다. 지상의 땅은 가뭄으로 거북 등처럼 쩍쩍 갈라져 있고 대기는 짙은 미세먼지가 자욱하다. 미세먼지는 미래의 절망을 상징하는 소재로 쓰이고 있다.

더스트 포비아

언젠가부터 날씨만큼 미세먼지를 확인하는 것이 일상이 됐다. 아침에 눈을 뜨면 가장 먼저 스마트폰 앱에서 미세먼지 농도를 체크한다. 한국환경공단 에어코리아에서 제공하는 농도를 믿지 못하는 경우 측정기를 구매해 직접 농도를 확인하기도 한다. 농도가 높을 때는 가능하면 옥외 활동을 하지 않는다. 실내에 있는 공기청정기를 하루 종일 가동하는 것은 물론이고 절대로 창문을 열지 않으며, 식사는 직접 해서 먹거나 배달음식으로 해결한다. 불가피하게 외출해야 한다면 마스크를 꼭 챙기고, 집에 돌아오면 흐르는 물에 눈을 씻고 콧속까지 꼼꼼히 씻어낸다.

많은 사람이 미세먼지에 대해 우려를 넘어 공포를 느끼기도 했다. 우리 사회에 먼지(dust)에 대한 공포(phobia), 일명 '더스트 포비아(dust phobia)'가 팽배한 바 있다. 더스트 포비아 때문에 우리 일상이 많이 바뀌었다.

마스크와 공기청정기는 생활필수품이 됐고, 미세먼지가 심한 날에는 배달음식이나 온라인 쇼핑, 실내 여가활동을 선호하는 경향이 뚜렷해졌다. 심지어 어린 자녀를 키우는 일부 가정은 '미세먼지 공포'로부터 벗어나 맑은 공기를 찾아 해외 이민을 고민하는 사례도 있었다. 물론 코로나바이러스감염증-19, 즉 코로나19의 영향을 받아 인간의 활동이 줄면서 미세먼지의 심각성도 줄었고 미세먼지 문제도 수면 아래로 가라앉았다. 그럼에도 미세먼지에 대한 염려는 가시지 않았다.

미세먼지는 정말로 공포의 대상일까. 많은 전문가가 미세먼지에 대한 공포가 지나치다는 반응을 보인다. 일부 전문가는 '미세먼지 천동설'을 주장하기도 한다. 옛날 사람들이 자신들의 '좁은 지식'에 갇혀 지구가 우주의 중심이라는 천동설을 믿었듯이 오늘날 일부 사람들도 잘못된 정보로 인해 미세먼지에 대해 과도한 공포를 갖게 된 것은 아닐까.

'사상 최악의 미세먼지', 오해와 진실

> "잠에서 깬 개구리가 질식할 사상 최악의 미세먼지가 전국을 덮쳤다. 절기상 '경칩'인 6일에도 고농도 미세먼지는 이어질 것으로 전망된다."(2019년 3월 5일 경향신문)

> "엿새째 수도권과 충청 지방에 미세먼지 비상저감조치가 계속되는 등 사상 최악의 미세먼지가 기승을 부리고 있습니다."(2019년 3월 6일 MBC 뉴스)

2019년 3월 초에 농도 짙은 미세먼지가 전국을 덮치자, 이와 같은 언론 보도가 쏟아져나왔다. 실제로 3월 1일부터 7일까지 7일 연속으로 미세먼지 비상저감조치가 발령됐으며, 이 기간 중에서 5일에 미세먼지 농도가 가장 높았다. 5일 서울의 경우 하루 평균 미세먼지(PM10) 농도가 186μg/m³, 초미세먼지(PM2.5) 농도가 135μg/m³를 각각 기록했다. 이날 수도권, 충청권, 전라권 등 서쪽 지역을 중심으로 대부분 하루 평균 미세먼지 농도가 100μg/m³를 넘어섰다. 특히 이날 오전에 서해안을 비롯해 경기, 충남, 전라를 중심으로 짙은 안개까지 끼면서 상황이 안 좋아졌다. 인천에서 가시거리가 880m를 기록했고, 충남 보령에서는 가시거리가 80m까지 떨어졌다.

언론에서 사상 최악의 미세먼지라는 보도를 내놓기 때문인지, 아니면 미세먼지에 대한 경각심이 예전보다 훨씬 더 높아진 탓인지, 많은 국민이 최근 미세먼지 오염도가 매우 악화됐으며 심지어 지금이 역대 최악이라고 생각하기도 한다.

2014년 질병관리본부가 서울을 비롯한 7대 광역시 시민들을 대상으로 설문조사를 한 결과에서도 이와 같은 생각을 엿볼 수 있다. 설문조사 결과, 미세먼지 오염이 급격히 악화되었다고 답한 응답자가 87.7%에 달했으며, 10년 전과 비교해서 어떤가에 대한 응답 역시 80.4%가 나빠졌다고 답했다.

실제로 과거에는 어땠을까. 사람의 기억에는 한계가 있다. 그렇더라도 1970년대, 1980년대 서울을 비롯한 대도시에 살았던 사람들이라면 너무나도 심한 대기오염 때문에 와이셔츠가 하루만 입어도 새카매졌다는 사실을 기억할 필요가 있다.

1980년대 당시 서울은 대기오염이 세계 최악 수준으로 극심해 산성비를 맞을까 봐 걱정할 정도였다. 언론에도 서울의 대기오염을 염려하는 기사가 자주 등장했다. 1988년 서울 올림픽 개최가 확정되자, 외국에서는 서울의 대기오염이 너무 심해 운동선수들이 경기하는 데 지장을 줄 것이라고 우려하는 목소리도 쏟아졌다.

정부는 서울 올림픽을 준비하며 먼지를 포함한 대기오염물질을 줄이려고 노력했지만, 1990년대에도 대기오염은 심했다. 1993년 6월 27일 자 《한겨레신문》 사회면에는 '대도시 정체 모를 스모그'라는 제목의 톱기사가 실렸는데, 이 기사에는 '6월 한 달 내내 발생⋯미세분진 영향 추정'이라는 부제가 달려 있었다. 그해 6월 한 달간 고농도 미세먼지가 이어지면서 대기질이 심각했다는 사실을 추정할 수 있다. 또한 2000년대에 들어서도 미세먼지 오염을 우려하며 문제를 제기한 언론 기사를 심심치 않게 찾아볼 수 있다.

예를 들어 2006년 7월 《주간동아》에서는 2005년 서울시 자치구별 연평균 오염도 자료를 입수한 뒤 '미세먼지 서울 테러, 숨쉬기 겁난다'라는 제목의 기사를 작성해 534호의 커버스토리로 다루기도 했다.

다만 코로나19 팬데믹으로 전 세계의 산업 활동, 사람의 이동 등이 주춤하던 기간에는 미세먼지 문제가 잠잠하기도 했다. 서울시 대기환경정보를 보면, 2019년부터 2022년까지 미세먼지 평균 농도가 $25\mu g/m^3$에서 $18\mu g/m^3$까지 3년 연속으로 감소했기 때문이다. 하지만 2023년 들어 다시 악화하는 추세다.

해외 정보나 가짜 뉴스에 현혹되기도

일반 시민 중에는 미세먼지 정보와 관련해 과장되거나 잘못된 사실을 진짜로 오해하는 이들이 적지 않다. 일부에서는 환경부 발표보다 세계 주요 도시의 대기오염 정보를 제공하는 민간기구 '에어비주얼(AirVisual)'의 발표를 과신하기도 한다. 에어비주얼에서 발표하는 서울 공기품질지수(Air Quality Index, AQI)는 측정지점이 종로구 1곳으로 한정적이라, 이 지수만으로 특정 지역의 대기질을 판단하기에는 부족하다. AQI는 미국 환경보호청(EPA)에서 개발한 지수를 기초로 미세먼지 농도를 활용해 단기적으로 건강에 미치는 공기오염 정도를 뜻한다.

더 큰 문제는 미세먼지에 대한 가짜 뉴스를 아무런 검증 없이 사실로 받아들이는 경우이다. 한 외국인이 개발한 '널스쿨(nullschool)'이라는 기상 지도가 대표적이다. 원래 널스쿨은 미국 정부가 공개하는 기상자료로 바람을 비롯해 다양한 기상 정보를 눈으로 볼 수 있게 해줬는데, 여기에 중국의 대기오염물질이 바람에 따라 어떻게 확산되는지 보여주는 그래픽을 함께 제공했다.

이 그래픽은 중국 미세먼지가 한반도를 덮치는 모습을 보여주는 미국항공우주국(NASA)의 인공위성 사진이라며 인터넷에 퍼졌고, 많은 이들이 이를 사실로 오해한 것은 물론이고 이것이야말로 중국발 미세먼지의 증거라며 TV 뉴스에도 등장했다. 하지만 실제로 이 그래픽에 나타난 것은 미세먼지가 아니라 일산화탄소의 흐름이었다.

2. 미세먼지에 대한 언론 보도

언론은 특성상 특종 경쟁이나 선정적 보도를 하는 경향이 있다. 특히 미세먼지 상황이 좋지 않았을 때 '사상 최악'이라는 표현도 서슴지 않았다. 미세먼지에 대한 언론 보도를 분석하고 언론 보도에 대한 대중 인식을 함께 살펴보자.

선정적 언론 보도 경쟁

언론학자들에 따르면, 대중매체가 잠재적 위험 상황을 선정적으로 보도하고 위험요소의 위험성을 과장하는 경향이 있다. 실제로 언론 보도를 담당하는 기자들은 단독 기사나 기록적인 위험 상황을 찾아 보도하려고 경쟁한다. 미세먼지를 다루는 기상 담당 기자들도 '사상 최고'나 '사상 최악' 기록을 찾는 경쟁에 전력을 다한다.

예를 들어 여름 폭염이 심할 때 최고 기온이 상승할 때마다 '사상 최악의 폭염' 기사를 먼저 작성하려고 앞다투어 경쟁한다. 또 더 높은 최고 기온 기록을 찾아내려고 혈안이 된다. 그런데 한 기상 전문기자는 자신의 SNS에 이런 상황에서도 '암묵적 규칙'이 있다고 밝혔다. 서울은 기상 관측을 1907년부터 시작해 이미 100년 이상의 관측 기록이 있으니 '사상 최악'이란 표현을 쓰기에 충분하지만, 경기 파주는 2000년에 기상 관측을 시작했는데 이 지역의 최고 기록을 확인했다고 '사상 최악'이란 표현을 쓰기에는 민망할 수 있다는 얘기다.

같은 맥락으로 2019년 3월 5일 서울의 하루 평균 초미세먼지 농도가 135μg/m³까지 증가하자 거의 모든 언론에서 '사상 최악'이라고 보도한 것도 비슷한 사례가 되겠다. 사실 초미세먼지 관측을 전국적으로 시작한 시기는 2015년인데, 겨우 4년 정도 관측한 기록을 비교해 '사상 최악'이라고 표현하기에는 무리가 있다는 뜻이다. 다만 공신력 있는 과거 기록을 찾아보면 서울시는 2003년부터 초미세먼지를 관측했다. 이때부터 관측 기록을 살펴보면 2003년 5월 22일에 서울의 초미세먼지 농도가 139μg/m³를 기록했는데, 이는 2019년 3월 5일 측정치보다 더 높은 농도였다. 결국 2019년 3월 5일 서울의 초미세먼지 농도는 최악이 아니라 16년 만의 고농도 수치였다고 평가할 수 있겠다.

언론의 선정적 보도와 과도한 보도 경쟁을 바라보고, 한 기상 전문기자는 자신의 SNS에 다음과 같은 푸념을 늘어놓기도 했다. '사상 최악'의 미세먼지를 만든 것은 중국도, 석탄화력발전소도, 경유차도 아닌 언론이라고 말이다. 나아가 언론이 만든 허상이라고까지 비판했다.

언론 보도에 따른 대중 인식

언론 보도가 시민들의 재난 재해에 대한 인식에 미치는 영향을 탐구한 연구들이 있다. 예를 들어 언론매체가 위험 상황을 선정적으로 보도하고 그 위험성을 과장하는 경향이 있는데, 이 때문에 공중의 불안과 염려가 커질 수 있다고 경고하는 연구가 있으며, 재난 재해에 대한 보도에 나타나는 갈등 프레임이 재난 재해에 대한 불합리한 신념, 즉 신화를 만들어 낸다고 비판하는 연구도 있다. 결국 미세먼지에 대한 시민 인식을 이해하려면 먼저 언론 매체가 미세먼지를 어떤 관점에서 어떤 프레임으로 다루는지 검토할 필요가 있다.

2015년 이화여대 연구진이 한국언론학회에 발표한 논문에 따르면, 프레임 분석 결과 미세먼지 보도는 미세먼지 문제를 심층적으로 분석해 다루기보다 단순한 내용 전달이나 대응 요령을 언급하는 수준에 머물렀다. 또 언론 보도에서 미세먼지 발생의 주요인은 중국 탓으로 돌리고 있지만, 대응 프레임 중 개인적 대응이 가장 강조되고 있음을 확인할 수 있었다. 이로써 원인과 결과 사이에 괴리가 존재함을 살펴볼 수 있다.

2020년 서울대 언론정보학과 연구진이 2013년부터 2017년까지 미세먼지 재해에 대한 중앙 일간지의 언론 보도를 분석한 결과를 보면 크게 4가지 뉴스 프레임을 발견할 수 있었다. 즉 국내의 요인과 관련 대책을 전달하는 국내 규제 뉴스 프레임, 국외의 요인을 강조하는 중국 유입 뉴스 프레임, 미세먼지의 개인 건강상의 위협을 언급하는 건강 위험 뉴스 프레임, 일상적인 미세먼지 피해 예방법을 제시하는 일상 관리 뉴스 프레임이 드러났다.

또 서울대 연구진은 이런 언론 보도의 해석적 틀이 공중의 인식에 영향을 미치면서 미세먼지 재해에 대한 제한적 인식이 형성된다고 예상하고, 서울 거주 성인 남녀 382명을 대상으로 온라인 설문 조사를 시행했다. 자료 분석 결과, 첫째 뉴스를 이용하는 정도가 높을수록 국내 발생원을 강조하는 인지 프레임이 강해지고, 뉴스를 이용할수록 국외 발생원과 위험성을 강조하는 인지 프레임의 강도가 높아지는 것이 확인됐다. 둘째, 국내 발생원을 강조하는 인지 프레임이 분노를 일으키며, 해외 발생원과 위험성을 강조하는 인지 프레임이 불안에 영향을 미친다는 결과가 나왔다. 셋째, 불안은 미세먼지 재해에 대한 정보를 추구하는 행동이나 미세먼지 재해를 예방하고 대처하기 위한 관리 행동에 영향을 주는 반면, 분노는 사회적 참여 행동에 영향을 주는 것으로 나타났다. 끝으로 뉴스 이용과 국내 발생원을 강조한 인지 프레임, 그리고 분노가 매개되어 사회적 참여 행동에 영향을 주고, 뉴스 이용이 해외 발생원과 위험성을 강조한 인지 프레임, 그리고 불안과 매개되어 정보 추구 행동과 관리 행동에 영향을 주는 것으로 밝혀졌다.

프레임과 위험 커뮤니케이션

우리나라 국민이 언론을 통해 가장 많이 접한 프레임 중 하나는 중국발 미세먼지 프레임이다. 2019~2020년 한국환경정책·평가연구원이 실시한 미세먼지에 대한 인식조사에서 미세먼지 농도에 큰 영향을 미치는 요인 가운데 1순위로 '주변 국가로부터 유입되는 황사, 미세먼지'를 선택한 일반 국민의 비율이 65.8%였고, 공무원은 이보다 더 높은 80.4%로 나타났다. 미세먼지의 주원인을 국외로 돌리고 개별 대응을 강조하는 언론 보도는 중국발 미세먼지 보도 프레임을 형성하고 미세먼지 문제 해결에 부정적 영향을 미치는 부작용을 낳았다. 많은 국민이 중국을 미세먼지 배출 주범으로 인식하고 불안해하지만, 미세먼지 저감 정책 참여에는 소극적이었다.

2021년 재단법인 숲과나눔에 제출된 「미세먼지 문제 해결을 위한 언론의 역할: 중국 귀인 보도 프레임 형성 원인과 그 극복 방안」이란 보고서에서

미세먼지 문제 해결을 위한 언론의 역할: 중국 귀인 보도 프레임 형성 원인과 그 극복 방안 보고서. © 재단법인 숲과나눔

는 2011~2020년 10년간의 언론 보도를 정량적·정성적으로 분석했다. 분석 결과 미세먼지가 1급 발암물질로 지정되고 미세먼지 예보가 시작되면서 2013년부터 관련 보도가 폭발적으로 증가했지만, 환경부는 이때부터 언론 대응 및 메시지 관리를 제대로 하지 못했고 이로 인해 중국발 미세먼지 보도 프레임이 고착된 것으로 확인됐다. 중국발 미세먼지 프레임은 환경정책이 실패했다는 비난에 직면한 정부에 도피처를 제공했고 정치적, 정책적, 상업적으로 적극 이용되면서 국민은 물론 공무원의 인식도 심각하게 왜곡시키는 부작용을 일으켰다. 언론이 미세먼지 문제 해결에 기여하기 위해서는 먼저 중국발 미세먼지 프레임에서 벗어나야 한다

는 의견이 제시됐다.

미세먼지 문제는 언론 보도가 폭발적으로 증가하면서 환경 문제에서 사회 문제로, 국내 문제에서 외교 문제로 커졌고, 미세먼지 담론에 관한 참여자가 다양화됐다. 이런 측면에서 대중에 대한 정부와 언론의 커뮤니케이션이 중요하다. 독일의 사회학자 울리히 벡이 현대 산업 사회의 특징을 위험 사회라고 정의했듯이, 사회가 산업화되어 발전함에 따라 위험이 사회의 중심 현상이 되고 있다. 미세먼지도 그런 위험 중 하나라고 볼 수 있다. 더욱이 미세먼지와 같은 위험을 어떻게 대중과 소통할 것인지가 관건인데, 이것이 바로 위험 커뮤니케이션이다. 위험 커뮤니케이션은 지식을 전달하는 것뿐만 아니라 대중의 신뢰와 참여를 이끌어 내고 갈등을 해소하고자 실행하는 것이다. 결국 올바른 위험 커뮤니케이션을 위해서는 대중의 공감을 이끌어 내면서 분노, 불신, 걱정, 무관심 등을 극복할 수 있는 메시지를 만들어 내야 한다.

국가환경교육센터 연구진이 2019년 전국의 성인 1000명을 대상으로 미세먼지의 커뮤니케이션과 관련된 조사를 한 결과를 살펴보면, 이와 관련된 시사점을 찾을 수 있다. 연구결과에 따르면 미세먼지 안전 안내 문자를 받았을 때 전체 응답자의 63.3%가 불안감을 느끼고 64.2%가 답답함과 짜증을 느끼는 것으로 조사됐다. 응답자들은 미세먼지가 심해졌을 때 전염병에 둘러싸여 있거나(58.5%) 안개 속에서 괴물이 다가오는 것(55.8%)과 같은 느낌을 받는다고 답했다. 응답자들의 70%는 미세먼지 문제가 매우 위험하다고 생각한 데 비해, '정부가 시민들의 생각과 느낌을 이해하고 있다'는 긍정적 응답은 23.0%에 불과했다. 시민들이 가장 원하는 정보는 '단기적, 중장기적 대응 정책에 관한 것(51.1%)'이었으며, 정보를 얻는 출처는 텔레비전(63.7%), 인터넷(59.7%), 스마트폰 앱(44.3%)으로 나타났다. 응답자들은 미세먼지의 원인으로 국내보다는 중국(70.58%)을 지목하고 있으며, 인터넷이나 앱에서 본 그래픽(49.0%)과 실시간 영상(31.8%)을 통해 이런 생각을 품게 됐다고 밝혔다.

연구진은 이런 조사결과를 통해 미세먼지 대응 정책 10단계를 제시했는데, 이 가운데 커뮤니케이션과 관련된 사항이 많다. ① 미세먼지에 대한 국민의 우려와 불안에 깊은 공감을 표시한다. ② 어린이, 노인 등 환경 약자에 대해 우선적인 안전 지원정책을 실행한다. ③ 텔레비전과 인터넷에 보이는 중국발 미세먼지 영상은 이미지임을 설득한다. ④ 불안과 짜증을 유발하지 않도록 안전 안내문자의 형식과 내용을 바꾼다. ⑤ 인터넷 및 스마트폰 앱과 미세먼지 대응 정책 코너를 연결한다. ⑥ 환경 재난을 사회 재난이나 자연 재난과 구별해 법을 개정한다. ⑦ 연령, 지역, 업종, 중국 인식 등에 따라 맞춤형 환경교육과 홍보를 시행한다. ⑧ 미세먼지 저감을 위해 중장기적이고 강력한 대책을 수립해 제시한다. ⑨ 중국과의 외교 협력을 통해 확실한 공동 저감 대책을 수립해 추진한다. ⑩ 개선정책은 중국 관련, 공공시설과 산업체, 시민참여의 순으로 실행한다.

3. 한국의 미세먼지 오염, 세계 최악일까

우리나라의 미세먼지 오염 상황은 한때 언론에서 보도하는 대로 과연 세계 최악일까. 세계경제포럼(WEF)에서 발표한 전 세계 대기질 순위, 세계보건기구(WHO)에서 공개한 국가별 미세먼지 오염도 자료 등을 들여다보자.

세계경제포럼의 환경성과지수

WEF에서 2년마다 발표하는 '환경성과지수(Environmental Performance Index, EPI)'를 보면, 각 나라의 대기질 순위를 볼 수 있다. 미국 예일대와 컬럼비아대에서 세계 여러 나라의 대기, 수자원, 기후변화, 생물다양성 등에 관련된 평가지표 20여 개의 점수를 환산해 순위를 정한다. 이 중에서 미세먼지와 관련된 대기질(Air Quality) 부문이 있는데, 대기질 부문 순위를 들여다보면 한국은 2018년에 180개국 중 119위에 올랐다(2년 전인 2016년에 기록한 173위보다 54계단 상승했다). 특히 대기질 부문의 세부항목인 미세먼지 노출(PM2.5 Exposure) 항목에서는 한국이 180개국 중에서 174위를 기록했다. 이 결과는 우리나라의 미세먼지 문제가 심각하다는 증거로 인용되기도 했지만, 곧이곧대로 믿기 힘들다.

문제는 환경성과지수 보고서의 결과가 실제 대기질 측정 자료가 아니라 일부 학자들이 인공위성 자료로 추정한 불확실한 값을 갖고 만든 간접 지표로 평가한 결과라는 점이다. 또한 인구밀도나 도시화가 높은 국가는 대기질이 좋아도 나쁜 점수가 나올 수 있다.

예를 들어 한국이 174위에 오른 미세먼지(PM2.5) 노출 항목에서 일본 134위, 스위스 143위, 독일 157위를 기록하며, 환경선진국으로 유명한 국가들도 세계 하위권으로 평가됐다. 하지만 오염도가 높은 것으로 알려진 나이지리아, 아프가니스탄이 의아스럽게도 100점 만점으로 캐나다와 함께 공동 1위를 차지했다. 이를 통해 종합적으로 감안하면, 환경성과지수 보고서에 나오는 미세먼지 노출 순위가 다소 황당한 평가 결과임을 알 수 있다.

세계경제포럼 홈페이지. © WEF

게다가 2022년에 발표된 EPI를 살펴보면, 한국의 평가는 상당히 달라졌다. 전체 순위에서뿐만 아니라 대기질 부문과 PM2.5 노출 항목에서도 크게 순위가 상승했기 때문이다. 즉 한국은 전체 순위에서 46.90점으로 180개국 중 63위에 올랐으며, 대기질 부문 순위에선 전체 180개국 중 30위에 올랐다. 특히 PM2.5 노출 항목에서는 45위를 기록했다. 이런 추세라면 우리나라의 대기오염이 세계 최악이라고 말하기보다 우리나라 대기질이 점점 좋아지고 있다고 평가하는 것이 옳겠다.

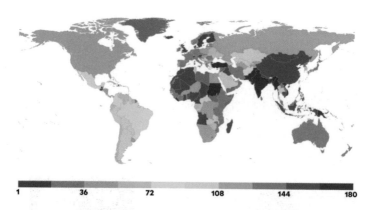

2022년 EPI 순위. 우리나라는 180개국 중 63위에 올랐다. © 예일대

세계보건기구의 미세먼지 오염도 자료

2018년 WHO에서 발표한 도시별, 국가별 미세먼지 오염도 자료를 살펴보자. 이는 2016년 미세먼지 오염도 자료다. WHO는 108개국에서 4300개 이상의 도시로부터 미세먼지 실측 자료를 수집했고, 실측 자료가 없는 아프리카, 남미 등의 국가에 대해 모델링에 의한 추정치를 사용

했다(이 추정치는 실측 자료와의 검증 과정을 거쳤다). 이를 통해 2016년 194개국의 국가별 미세먼지(PM2.5) 평균값을 산출해 제시했다. 2016년도 PM2.5의 평균 오염도가 낮은 순으로 따져보면, 1위 뉴질랜드, 2위 브루나이, 3위 핀란드, 4위 아이슬란드, 5위 스웨덴 순으로 나타났다.

WHO가 발표한 194개국의 국가별 2016년도 PM2.5 자료에 근거해 미세먼지 오염도가 낮은 순서로 국가 순위를 매긴 결과를 좀 더 들여다보면, 환경성과지수 보고서의 결과와 다르다. 오세아니아의 뉴질랜드가 1위, 호주가 9위를 기록했다. 핀란드(3위), 아이슬란드(4위), 스웨덴(5위), 노르웨이(8위), 덴마크(19위) 등 북유럽 국가들이 최상위권에 올랐고, 북미의 캐나다(6위)와 미국(10위)도 최상위권에 포함됐다. 환경성과지수 보고서에서 100위권 밖으로 밀렸던 스위스(23위), 일본(33위), 독일(39위)도 상위권에 들었다.

반대로 세계에서 미세먼지 오염도가 높은 순으로 국가들을 살펴보면, 네팔이 가장 오염도가 높은 국가였으며, 카타르, 사우디아라비아, 바레인 등의 중동국가와 이집트, 니제르, 카메룬 등의 아프리카 국가가 PM2.5 오염도가 높았다.

인도, 방글라데시, 파키스탄 등도 미세먼지 오염이 심했으며, 우리 국민에게 세계 최악의 미세먼지 오염국으로 악명이 높은 중국도 미세먼지 오염도가 높은 순으로 16번째 국가로 꼽혔다. 그렇다면 우리나라는 어떨까. PM2.5 오염도가 낮은 순서로는 125위, 오염도가 높은 순서로는 70위를 기록했다. 비록 좋은 순위는 아니지만, 언론에서 호들갑을 떨 듯이 '세계 최악'은 아니다.

거의 전 세계인이 WHO 기준치 넘는 초미세먼지에 노출

사실 우리나라뿐만 아니라 전 세계의 거의 모든 사람이 WHO 기준치를 넘는 초미세먼지(PM2.5)에 노출돼 있다. 호주 모내시대학 공중보건예방의학대학원 연구진이 2023년 3월 학술지 《랜싯 플래니터리 헬스》에 발표한 바에 따르면, 2000~2019년 전 지구 일일 초미세먼지 농도를 분석한 결과, 세계 인구 80억 명 중 99.999%가 WHO 초미세먼지 안전 기준치(연평균 5μg/m³)를 넘는 지역에 살고 있다. 초미세먼지 안전지대에 사는 사람은 세계 인구의 0.001%로 10만 명당 1명에 불과한데, 호주, 뉴질랜드 등 오세아니아 지역이 대표적 안전지대로 손꼽혔다. 안타깝게도 우리나라는 이 기간 내내 중국, 북한 등에 이어 초미세먼지 농도가 높은 국가 4~5위를 기록했다.

스위스 대기환경 기술업체 IQ에어가 자사 대기정보 분석 플랫폼 '에어비주얼' 데이터를 비교해 분석한 「2022 세계 공기질 보고서」를 살펴봐도 WHO 기준을 충족한 곳은 많지 않다. 즉 131개 국가와 지역의 2022년 평균 초미세먼지 수치를 비교해 분석한 결과 괌, 프랑스령 폴리네시아, 미국령 버진아일랜드, 버뮤다, 네덜란드령 BES 제도, 아이슬란드, 뉴칼레도니아, 그레나다, 호주, 푸에르토리코 등 13곳만 WHO 초미세먼지 안전 기준치를 충족했다.

반면에 이 데이터에 의하면 초미세먼지 농도가 높은 국가는 아프리카 중부 내륙 국가 차드(89.7μg/m³), 이라크(80.1μg/m³), 파키스탄(70.9μg/m³), 바레인(66.6μg/m³), 방글라데시(65.8μg/m³), 부르키나파소(63.0μg/m³), 쿠웨이트(55.8μg/m³), 인도(53.3μg/m³) 등으로 나타났다. 우리나라는 서울의 연평균 초미세먼지 농도가 18.3㎍/㎥을 기록했고 천안의 초미세먼지 농도가 30.3㎍/㎥으로 가장 나빴다.

우리나라 대기질에 대해 국내 연구진이 미국항공우주국(NASA) 연구진과 함께 조사한 적이 있다. 2016년 5월과 6월에 미국에서 들여온 대형 항공기 DC-8을 비롯한 항공기 3대를 투입해 총 394시간 비행하는 동안 NASA의 분석장비를 활용해 수도권을 중심으로 내륙과 서해안의 대기오염물질을 측정했다. 이 조사에 참여한 NASA 연구원들은 한국 상공의 미세먼지가 미국보다 심각하고 중국보다는 낮다고 하면서도 한국의 대기오염이 '위험 수준'이라고 평가했다. 당시에 미세먼지 농도가 '좋음'을 나타낸 날에도 상공에 먼지 띠가 뚜렷이 관측됐는데, 특히 서울 상공의 대기질이 나빴다.

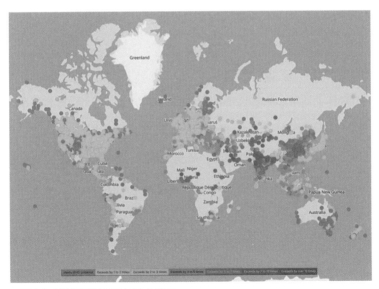

2022년 초미세먼지 평균 농도 지도. © IQAir

4. 인체에 미치는 악영향

　미세먼지가 자욱하면 무엇보다 숨쉬기가 힘들다. 특히 고농도 미세먼지 발생 시 마스크를 써서 대처해야 한다. 미세먼지는 발암물질로도 알려져 있을 만큼 건강에 좋지 않다. 과연 미세먼지는 인체에 어떤 악영향을 미칠까.

미세먼지는 1급 발암물질?

　먼지는 대부분 코털이나 기관지 점막에 걸리지만, 미세먼지는 사람 몸속 깊숙이 스며든다. 즉 공기를 들이마실 때 미세먼지는 코, 구강, 기관지에서 걸러지지 않고 폐포(허파꽈리)까지 직접 침투해 건강에 악영향을 준다. 폐까지 침투한 미세먼지는 천식과 폐질환의 원인이 되고, 면역세포가 미세먼지를 제거하려다가 부작용으로 염증을 일으키기도 한다. 이런 염증 반응이 기도, 폐, 심혈관, 뇌 등 신체 기관에서 생기면 천식, 호흡기 질환, 심혈관계 질환 등이 발병할 수 있다.

　미세먼지의 농도와 성분이 같다면 크기가 작을수록 건강에 해롭다.

초미세먼지는 미세먼지보다 표면적이 넓어 유해물질을 더 많이 흡착할 수 있고, 크기가 더 작아 혈관으로 침투해 다른 인체 기관으로 이동할 가능성도 높다. 또 미세먼지가 몸에 쌓이면 산소 교환을 방해해 병을 악화시키기도 한다.

WHO 산하 국제암연구소(IARC)는 2013년 10월 미세먼지를 '그룹 1(Group 1) 발암물질'로 지정했다. 이는 대기오염과 건강 영향에 관련된 전 세계 연구논문과 보고서 1000여 편을 면밀하게 검토한 뒤 내린 결론이다. 예를 들어 2013년 8월 덴마크 암학회 연구센터에서는 유럽 9개국 30만 명의 건강 자료와 2095명의 암 환자를 대상으로 미세먼지와 암 발병률을 연구한 논문을 국제 의학학술지 《랜싯》에 발표했다. 이들의 연구 결과에 따르면 미세먼지 농도가 $10\mu g/m^3$ 증가할 때마다 폐암 발생 위험이 22% 높아졌고, 초미세먼지 농도가 $5\mu g/m^3$ 늘어날 때마다 폐암 발생 위험이 18% 상승했다. 최근의 연구는 미세먼지가 폐암뿐만 아니라 유방암, 위암, 대장암, 간암에도 중요한 원인임을 보여준다. 2017년 미국 플로리다대 연구진은 미세먼지 농도가 $10\mu g/m^3$ 높아질 때마다 여성의 유방 조직이 단단하게 뭉칠 위험성이 4% 증가한다고 발표했다. 유방 조직이 치밀해지면 유방 세포 성장을 방해하고 섬유질이 늘어나 암 발병 확률이 크게 높아진다.

여기서 한 가지 짚고 갈 문제가 있다. WHO의 국제암연구소가 미세먼지를 '그룹 1 발암물질'로 지정했는데, 국내 언론에서는 미세먼지를 '1급 발암물질'로 둔갑시켰다는 점이다. 국제암연구소는 발암물질을 그룹 1, 그룹 2A, 그룹 2B, 그룹 3, 그룹 4로 분류했다. 그룹 1은 현재까지의 연구결과를 종합하면 사람에게 암을 일으키는 것이 확실하다고 전문가들이 결론을 내린 물질이고, 그룹 2A는 최종 결론을 내리기엔 조금 부족하지만 암을 일으키는 것이 거의 분명한 물질, 그룹 2B는 암을 일으킬 가능성이 있지만 아직 연구결과가 부족해 결론을 내리기 힘든 물질을 뜻한다. 그룹 1, 그룹 2A, 그룹 2B 물질은 발암성(암을 일으키는 성질)의 높고 낮음과 아무런 상관이 없다. 그러니 '그룹 1 발암물질'을 '1급 발암물질'이라고 하면 안 된다. 대신 '1군 발암물질'이라고 부를 수는 있다. 그리고 그룹 3과 그룹 4 물질은 발암성을 걱정할 수준이 아니라 다른 그룹의 물질보다 발암성이 낮다.

국제암연구소(IARC)에 따른 발암물질 분류

구분	주요 내용	예시
1군(Group 1)	인간에게 발암성이 있는 것으로 확인된 물질	석면, 벤젠, 미세먼지
2A군(Group 2A)	인간에게 발암성이 있을 가능성이 높은 물질	DDT, 무기납화합물
2B군(Group 2B)	인간에게 발암성이 있을 가능성이 있는 물질	가솔린, 코발트
3군(Group 3)	발암성이 불확실해 인간에게 발암성이 있는지 분류할 수 없는 물질	페놀, 톨루엔
4군(Group 4)	인간에게 발암성이 없을 가능성이 높은 물질	카프로락탐

자료: IARC, 환경부

호흡기에 가장 큰 타격

사실 미세먼지에 가장 큰 타격을 받는 인체 기관은 호흡기다. 미세먼지는 코의 비강에서 염증 반응을 일으켜 만성 비염과 축농증을 유발하는 것으로 알려져 있다. 미세먼지가 기관지에 쌓이면 가래가 끓고 기침을 자주 하게 된다. 기관지 점막이 건조해지면서 세균이 쉽게 침투할 수 있다. 만성 폐질환을 앓고 있는 환자는 폐렴과 같은 감염성 질환에 걸릴 확률이 높아진다. 질병관리본부에 따르면, 미세먼지 농도가 $10\mu g/m^3$ 높아질 때마다 만성 폐쇄성 폐질환(COPD)으로 인해 입원하는 비율이 2.7%, 사망하는 비율은 1.1% 증가한다. 만성 폐쇄성 폐질환이란 유해 입자나 가스를 흡입해 비정상적인 염증 반응이 나타나 점차 기도가 막히며 폐 기능이 떨어지고 호흡곤란이 생기는 호흡기질환이다.

미세먼지는 폐 기능을 떨어뜨린다. 고려대 연구진이 서울 지역 노인들을 대상으로 조사한 결과, 미세먼지가 많아질수록 노인들의 폐 기능이 나빠졌다. 노인들이 최대한으로 내뿜을 수 있는 호흡의 양은 1분 기준으로 환산할 때 300L 정도가 되는데, 미세먼지가 $10\mu g/m^3$ 늘어나면 호흡량이 3.56L 줄고, 초미세먼지가 $10\mu g/m^3$ 증가하면 호흡량이 4.73L 줄어들었다. 미국 서던캘리포니아대 연구진은 12개 지역의 아동 1700명을 대상으로 폐 기능을 조사했다. 조사 결과 미세먼지 농도가 높은 지역에서 탄생한 아이들은 폐활량이 떨어지는 '폐 기능 장애'를 겪을 가능성이 다른 지역 아동보다 5배가량 높은 것으로 나타났다.

또한 미세먼지는 기도에 염증을 발생시켜 천식을 일으키거나 악화시킬 수 있다. 질병관리본부에 따르면, 미세먼지에 오랫동안 노출될 경우 폐 기능이 떨어지고 천식 조절에 부정적인 영향이 나타난다. 심한 경우에는 천식 발작으로 이어지기도 한다. 고려대 구로병원 연구진에 따르면 미세먼지 농도가 기준치를 초과한 날에는 병원을 찾는 천식 환자가 5.7% 정도 늘어났다.

미세먼지가 건강에 미치는 영향은 최대 6주까지 계속될 수 있다. 미세먼지에 노출된 뒤 호흡곤란, 가래, 기침, 발열 같은 호흡기 증상이 악화된다면, 병원에 가서 치료를 받는 것이 바람직하다.

미세먼지 영향을 흡연에 비교하면?

미세먼지의 영향은 하루에 몇 개비의 담배를 피우는 것과 맞먹을까? 비영리 과학자 단체 '버클리 어스(Berkely Earth)'에서는 전 세계 도시의 대기오염 수준을 하루 흡연량으로 환산하는 방식을 개발했다. 미국 질병통제예방센터(CDC)에 따르면 미국에서 연간 흡연 때문에 사망하는 사람이 48만 명이며, 미국에서 연간 소비되는 담배는 3500억 개비라고 한다. 이 두 자료를 바탕으로 버클리 어스는 담배 100만 개비당 1.37명이 사망하는 것으로 계산했다. 중국에서는 연간 160만 명이 연평균 52μg/m³의 초미세먼지에 노출돼 조

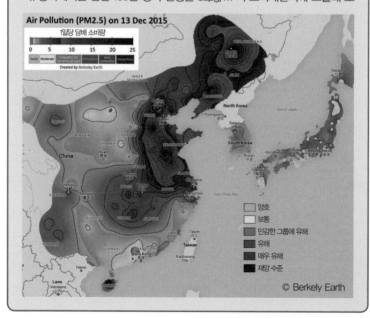

기에 사망하는 것으로 알려져 있다. 이만큼 사망자가 발생하려면 담배 1조 1000억 개비를 소비하는 셈이다. 중국 인구를 13억 5000만 명이라고 했을 경우 1인당 연간 864개비, 즉 하루에 2.4개비의 담배를 피운 꼴이라고 할 수 있다. 결국 담배 1개비를 피는 것은 22μg/m³의 초미세먼지에 종일 노출된 것과 같다는 뜻이다.

버클리 어스에 따르면, 이 환산치를 적용했을 때 2013년 초미세먼지 연평균치가 9μg/m³였던 미국에서 생활하던 사람들은 1인당 하루에 0.41개비를 피운 것에 해당한다. 2020년 초미세먼지 연평균치가 21μg/m³였던 서울의 시민은 어른, 아이 할 것 없이 1명당 하루에 1개비의 담배를 피운 셈이 된다.

심장마비에서 당뇨까지 발병 확률 높여

미세먼지는 크기가 매우 작기 때문에 폐포를 통해 혈관에 침투한 뒤 염증을 유발할 수 있다. 이 과정에서 혈관에 손상이 생겨 협심증, 뇌졸중으로 이어질 가능성이 있다. 뇌졸중은 뇌에 혈액이 제대로 공급되지 않아 호흡 곤란, 손발 마비, 언어 장애 등이 생기는 증상이다. 특히 심혈관 질환을 앓고 있는 노인은 미세먼지가 몸속에 쌓이면 산소 교환이 원활히 이뤄지지 않아 병이 악화될 수 있다.

질병관리본부에 따르면 미세먼지에 오랫동안 노출될 경우 심근경색과 같은 허혈성심질환으로 인해 사망하는 비율이 30~80% 높아지는 것으로 드러났다. 허혈성심질환이란 심장근육에 혈액을 공급하는 동맥이 좁아지면 혈액공급이 부족해져서 생기는 심장 관련 질환을 뜻한다. 협심증, 심근경색, 심장마비 등을 아우르는 용어다. 또 국내 대기오염 측정 자료와 건강보험공단의 심혈관질환 발생 건수 등을 종합해 보면, 심혈관질환이 늘고 있음을 확인할 수 있다.

즉 초미세먼지의 농도가 $10\mu g/m^3$ 높아질 때 심혈관질환 때문에 입원한 환자 수가 전체 연령대에서 1.18% 늘어나고 65세 이상에서는 2.19% 증가한 것으로 밝혀졌다.

폐포를 거쳐 순환계에 침투한 미세먼지는 다양한 심혈관계 질환을 일으킨다. 대기오염에 노출될 경우 심장마비로 입원하거나 사망하는 사례가 늘어난다는 점은 학계에서 입증된 사실이다. 2015년 영국 에든버러대 연구진이 전 세계 뇌졸중 연구 사례를 분석한 결과 미세먼지가 $10\mu g/m^3$ 증가하면 뇌졸중으로 인해 입원하거나 사망하는 비율이 1.1% 높아진다는 사실을 알아냈다. 또 서울대 보건대학원 연구진이 2008년부터 2010년까지 지역사회 건강조사 자료를 연구한 결과에 따르면, 부유먼지가 $10\mu g/m^3$ 증가할 때 고혈압 발생률이 4.4% 늘어나는 것으로 밝혀졌다.

미세먼지는 체내 대사작용에도 문제를 일으켜 당뇨 발병률을 높이거나 신장 기능에 악영향을 미친다. 캐나다 연구진이 6만 2000명의 14년치 개인 의료기록을 분석한 결과, 미세먼지가 $10\mu g/m^3$ 높아질 때마다 당뇨 발병률이 11% 증가한 것으로 드러났다. 미국 워싱턴대 연구진은 미세먼지 농도가 $10\mu g/m^3$ 증가하면 신장의 여과 기능이 21~28% 감소한다는 것을 알아냈다.

신장의 여과 기능이 떨어지면 만성 신장질환으로 발전하거나 심각한 신부전증을 일으킬 수도 있다. 실제 워싱턴대 연구진의 연구에서 만성 신장질환 발생 위험이 27%, 말기 신부전 발생 위험이 26% 높아진 것으로 밝혀졌다.

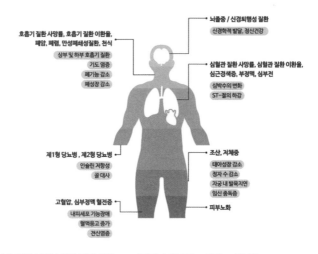

미세먼지에 의한 신체부위별 건강 영향. © 미세먼지 범부처 프로젝트 사업단

불임 초래하고 치매 일으켜

　미세먼지는 임신과 출산에도 이상을 초래한다. 2017년 홍콩 중문의대 연구진은 미세먼지가 정자의 질을 떨어뜨려 불임이 일어날 수 있다고 발표했다. 즉 미세먼지가 $5\mu g/m^3$ 증가할 때마다 건강한 정자의 수가 1.29%씩 감소한다는 내용이다. 특히 같은 조건에서 정상 범위에 속하긴 하지만 모양과 크기가 하위 10%에 속하는 정자가 무려 26%가 증가했다. 이는 정자의 활동이 전체적으로 떨어졌음을 의미한다.

　같은 해 미국 콜로라도주립대 연구진은 세계 183개국 자료를 바탕으로 조기 출산과 미세먼지 농도의 관계를 분석해 발표했다. 연구진은 연간 1490만 건에 이르는 조기 출산 사례 중 270만~340만 건의 원인을 미세먼지로 추정했다. 2013년에는 이를 뒷받침하는 논문이 국제 학술지 《랜싯》에 발표됐다. 논문에 따르면, 임신 중에 노출되는 미세먼지 농도가 5μg/m³ 증가할 때마다 저체중아 출생 위험이 18%씩 올라갔다. 이화여대 병원 연구진이 임신부 1500명을 4년간 추적해 조사한 결과에서도 미세먼지 농도가 10μg/m³ 상승할 경우 저체중아 출산율이 7% 높아졌다. 또 조산·사산율은 8% 올라갔고, 기형아 출산율은 최대 16%나 증가했다.

미세먼지는 정신건강에도 영향을 미친다. 특히 면역체계가 약한 태아나 신생아는 미세먼지에 노출될 경우 자폐와 같은 뇌 발달장애를 겪을 수 있다. 2013년 미국 서던캘리포니아대 연구진은 미세먼지가 심한 지역에서 출생한 아이가 미세먼지가 적은 지역에서 태어난 아이보다 자폐증 위험이 3.1배나 높다는 연구결과를 발표했다. 이 같은 결과에 따라 2017년 유엔아동기금(UNICEF)은 미세먼지가 유아의 뇌 발달을 해쳐 평생 후유증을 남길 수 있다고 경고했다.

전문가에 따르면, 초미세먼지가 혈관을 타고 들어가 뇌에서 치매를 일으킬 수 있다. 미세먼지 농도가 높은 곳에 거주하는 사람일수록 뇌 인지 기능이 빠르게 퇴화하는 것으로 나타났다는 뜻이다. 2016년 영국 랭커스터대 연구진이 대기오염 지역에 살던 치매 환자 37명의 뇌에서 미세먼지에 포함된 금속(자철석) 나노입자를 다량으로 발견해 《미국립과학원회보(PNAS)》에 발표했다. 이는 미세먼지가 치매를 유발할 수 있다는 연구결과로 주목받았다. 같은 해 순천향대 연구진은 초미세먼지가 신경세포에 독성을 나타내 염증 반응을 일으킨다는 사실을 밝혀냈다. 신경세포의 염증은 알츠하이머성 치매나 파킨슨병과 관련된다. 영국 킹스칼리지런던 연구진은 대기오염 지역 거주자의 치매 발병 확률을 조사했다. 연구진은 런던 시내 병원에 다닌 50세 이상 환자 13만 명의 8년(2005~2013년) 간 의료기록을 분석해 대기오염 지역에 거주하는 사람일수록 치매 발병 확률이 40%까지 높아진다는 결과를 얻었다.

특히 고령자에게 치명적

미세먼지는 특히 고령자에게 치명적이다. 미국 하버드대 보건대학원 연구진이 65세 이상의 노인을 대상으로 미세먼지 농도와 사망률 사이의 관계를 알아냈다. 연구진은 미국 연방정부 사회보장제도인 '메디케어' 대상자 중에서 2000년부터 2011년 사이에 사망한 2243만 명의 정보를 수집해 지역별로 분석했다. 사망자들이 거주했던 지역의 미세먼지 농도를 시뮬레이션한 결과 미세먼지 농도가 $10\mu g/m^3$ 높아질 때마다 노약자 사망률이 1.05% 높아진다는 사실을 확인했다. 주목할 만한 점은 조사 대상자의 94%가 미세먼지 농도가 EPA 기준보다 낮은 지역에 살았음에도 불구하고 미세먼지 농도 증가에 따른 사망률 증가 추세는 동일하거나 오히려 높았다는 사실이다. 이를 통해 미세먼지의 영향에는 피해를 줄 수 있는 최솟값인 '문턱 값(역치)'이 없으며, 아무리 적은 양의 미세먼지라도 타격을 가할 수 있음을 확인할 수 있다.

2009년 국립환경과학원과 인하대 연구진이 서울 시민을 대상으로 미세먼지 농도에 따른 사망률 변화를 연구했다. 연구 결과 65세 이상의 노인처럼 대기오염에 민감한 집단은 미세먼지 농도가 $10\mu g/m^3$ 높아질 때마다 사망률이 0.4% 증가하는 것으로 나타났다. 초미세먼지의 경우에는 농도가 $10\mu g/m^3$ 높아질 때마다 노인의 사망률이 1.1% 늘어나는 것으로 확인됐다.

물론 미세먼지 농도가 증가함에 따라 노인의 사망률만 높아지진 않는다. 한국환경정책평가연구원이 2013년 초에 발간한 「초미세먼지의 건강영향 평가 및 관리정책 연구」 보고서에 따르면, 서울 지역에서 미세먼지 일평균 농도가 $10\mu g/m^3$만큼 높아지면 사망 발생 위험이 0.44% 증가하고, 초미세먼지 농도가 $10\mu g/m^3$ 늘어나면 사망 발생 위험이 0.95% 증가했다. 또 2015년 국제환경단체 '그린피스'가 발표한 연구결과에 따르면, 한국에서 가동 중인 석탄 화력발전소 53기에서 배출하는 초미세먼지 때문에 매년 최대 1600명에 이르는 조기 사망자가 발생하는 것으로 드러났다.

미래 전망도 그리 밝지 않다. 2016년 경제협력개발기구(OECD)는 「대기오염의 경제적 결과」 보고서를 통해 2060년이면 대기오염으로 인해 전 세계에서 연 900만 명에 가까운 사망자가 발생할 것으로 추정했다. 우리나라의 경우 2010년 기준으로는 대기오염 사망자 수가 프랑스, 영국, 일본 등 주요 국가보다 낮지만, 지금부터라도 적극적으로 대기오염 대책을 마련하지 않는다면, 2060년에는 OECD 회원국 중에서 미세먼지 사망률 1위 국가에 오를 것이라고 경고했다.

 ## 미세먼지로 인한 또 다른 피해

미세먼지는 인체 외에도 농작물, 생태계, 산업 등에 영향을 미친다. 과연 미세먼지로 인한 피해는 어느 정도일까. 먼저 미세먼지는 토양을 황폐화하거나 식물을 손상하거나 생태계에 피해를 줄 수 있다. 미세먼지에는 대기오염물질인 이산화황이나 이산화질소가 많이 묻어 있다. 비에 미세먼지가 섞여 내리면 토양과 물이 산성화된다. 공기 중에 있던 카드뮴 같은 중금속이 미세먼지에 묻게 돼도 농작물, 토양, 수생생물에 피해를 입힐 수 있다. 만약 미세먼지가 식물의 잎에 들러붙는다면 잎의 기공을 막고 광합성을 방해해 작물의 생육이 늦어질 수 있다.

또한 미세먼지는 꿀벌의 비행에도 악영향을 미친다. 2021년 1월 국립산림과학원 연구진이 초미세먼지 농도가 증가할수록 꿀벌이 꽃꿀을 얻기 위해 비행하는 시간이 길어진다는 연구 결과를 발표했다. 연구진이 약 400마리 꿀벌의 가슴에 초소형 전파식별태그(RFID)를 달고 꿀벌의 비행시간을 측정한 결과 초미세먼지 농도가 $1\mu g/m^3$ 높아질 때마다 비행시간이 32분씩 늘어났다. 꿀벌이 태양을 나침반 삼아 비행하는데, 미세먼지가 태양 빛을 흩어지게 만들어 비행을 방해한 것으로 분석된다.

미세먼지는 산업활동에도 안 좋은 영향을 미친다. 그중에서도 반도체와 디스플레이 산업은 먼지에 민감하다. 반도체와 디스플레이를 제작할 때 가로, 세로, 높이가 각각 30cm인 공간에 $0.1\mu g$의 먼지 입자 1개만 허용될 정도다. 제작 과정에서 미세먼지에 노출될 경우 불량품이 되는 비율이 높아지기 때문이다.

미세먼지는 섬유의 작은 틈에 박힌다면 특수 재질의 옷, 마스크, 모자를 착용하고 에어 샤워기를 통과하더라도 완전히 제거되지 않아 반도체, 디스플레이 같은 정밀제품에 불량을 일으킬 수 있다. 이외에도 자동차 산업에서는 자동차에 페인트를 칠할 때 악영향을 받을 수 있고, 자동화 설비도 미세먼지로 인해 오작동을 일으킬 수 있다. 미세먼지는 시야를 방해하기 때문에 비행기나 여객선 운항에도 지장을 줄 수 있다. 심한 경우 운항이 취소되거나 지연되기도 한다.

꼭꼭 씹어 생각 정리하기

1. 2018년엔 미세먼지가 심한 재난 상황을 다루는 영화나 드라마가
   발표되기도 했습니다. 여러분도 미세먼지를 소재로 간단한
   시나리오를 작성해 봅시다.

   _____

   _____

2. 일부 사람들은 미세먼지로 인해 발생하는 위험을 심각하게
   받아들이며 과도한 공포를 느끼기도 합니다. 이런 사람들에게
   미세먼지의 위험을 적절하게 알릴 수 있는 논설문을 작성해 봅시다.

   _____

   _____

3. 언론매체에서 고농도 미세먼지와 같은 잠재적 위험 상황을
   선정적으로 보도하는 이유는 무엇인지 알아봅시다.

   _____

   _____

4. 최근 받은 미세먼지 안전 안내문자의 내용을 정리해 봅시다.
   또 설문조사에 따르면 많은 사람이 미세먼지 안전 안내문자를
   받았을 때 불안감, 답답함, 짜증을 느낀다고 하는데, 불안과 짜증을
   유발하지 않도록 안전 안내문자의 형식과 내용을 어떻게 바꾸면
   좋을지 의견을 제시해 봅시다.

   _____

   _____

5. 일부 언론에서는 우리나라 대기오염(미세먼지 포함)이 세계
   최악이라고 보도하기도 했습니다. 실제로는 그렇지 않은데,
   이런 보도를 반박하는 글을 작성해 봅시다.

   _____

   _____

6. 2013년 WHO 산하 국제암연구소에서는 미세먼지를 발암물질로
   지정했습니다. 미세먼지는 구체적으로 어떤 발암물질인지 알아보고,
   미세먼지가 인체에 미치는 영향을 정리해 봅시다.

   _____

   _____

2부

미세먼지
정체와 발생원인

1. 미세먼지 vs 초미세먼지

이제 미세먼지만 언급하는 시대는 지났다. 언제부터인가는 초미세먼지라는 용어도 등장했다. 처음에 언론에서 주로 쓰다가 학계에서는 잘못된 용어라는 지적도 있었다. 우리나라의 초미세먼지는 초미세먼지가 아니라는 말도 있다. 과연 미세먼지과 초미세먼지는 무엇이고, 어떻게 다른 걸까.

미세먼지? 입자상 물질(PM)? 부유분진?

사실 우리가 숨 쉬는 공기 속에는 수많은 먼지가 떠다닌다. 일반적으로 먼지란 공기 중에 떠다니는 입자를 말하며, 미세먼지는 크기가 일반 먼지보다 매우 작아서 눈에 보이지 않는다. 미세먼지는 흔히 PM이라고 부른다. 미세먼지를 뜻하는 영어 단어인 '입자상 물질(Particulate Matter)'에서 머리글자만 딴 것이다. 공기 중에 떠다니는 입자상 물질은 지름이 수십 μm(마이크로미터, 1μm=100만분의 1m)에서 수 nm(나노미터, 1nm=10억분의 1m) 정도까지며, 고체뿐만 아니라 액체 상태도 있다. 화학 용어로 에어로졸이라고 하는데, 일상에서는 (미세)먼지라고 부른다. 떠다니는 아주 작은 먼지란 뜻에서 부유분진이란 표현도 쓴다. 사실 지름이 수십 μm보다 큰 먼지는 무거워서 발생하는 즉시 땅으로 가라앉는다.

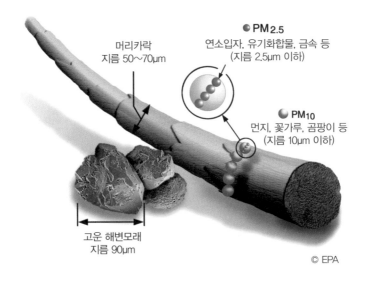

머리카락
지름 50~70μm

● PM2.5
연소입자, 유기화합물, 금속 등
(지름 2.5μm 이하)

● PM10
먼지, 꽃가루, 곰팡이 등
(지름 10μm 이하)

고운 해변모래
지름 90μm

© EPA

먼지는 크기에 따라 다르게 부른다. 통상적으로 지름이 대개 50μm 보다 작은 입자상 물질을 '총부유분진(Total Suspended Particles, TSP)'이라고 한다. 대기 중에 떠 있는 먼지 전체의 무게를 측정한 것이고 보면 된다. 우리나라의 경우 2000년까지는 TSP를 측정하고 총부유분진이라고 불렀다. 이 중에서 지름이 10μm보다 큰 입자들은 대부분 코에서 걸러져 인체에 영향이 적다. 하지만 지름이 10μm보다 작으면 코를 통해 기관 지나 폐까지 들어가므로 '호흡성 먼지(inhalable particles)'라고 하고, 지름이 10μm보다 작은 먼지만 따로 모아서 측정했다. 이것이 바로 PM10이다. 그동안 몇십 년간 전 세계적으로 대기 중의 먼지 오염도는 거의 PM10

을 측정해 평가해왔고, 이 자료를 활용해 관련 연구를 해왔다. 최근에는 지름이 2.5μm보다 작은 미세먼지는 폐포(허파꽈리. 허파로 이어지는 기관지 맨 끝에 있는 포도송이 모양의 작은 공기주머니)에서 혈액으로 유입될 위험이 있어 주목받고 있다. 따라서 PM10 중에서 지름이 2.5μm보다 작은 미세먼지만 별도로 측정하는 것이 유용하다는 주장이 나왔다. 지름이 2.5μm 이하인 미세먼지만 측정하면 PM2.5가 된다.

우리나라에서는 지름이 10μm 이하인 먼지(PM10)를 미세먼지라고 하고, 그중에서 다시 지름이 2.5μm 이하인 먼지(PM2.5)를 초미세먼지라고 한다. PM10은 해변의 고운 모래 입자(지름 90μm)뿐만 아니라 머리카락(단면 지름 50~70μm)보다 크기가 작으며, 꽃가루, 곰팡이 홀씨 등과 크기가 엇비슷하다. 도로나 공장에서 날려서 대기 중으로 배출되는 먼지(비산먼지)가 대표적이다. PM2.5는 머리카락 두께의 20분의 1에서 30분의 1에 불과할 정도로 아주 작다. 화석연료를 태울 때 나오는 연소입자가 대표적이다. 특히 PM2.5 중에서 지름 0.1~1μm의 미세먼지는 특성상 가라앉거나 엉겨서 뭉치기 힘들어 대기 중에 머무는 시간이 길고 폐포에 침투하기 가장 쉽다.

왜 초미세먼지인가?

초미세먼지라고 새롭게 이름을 붙이니 미세먼지와 달라 보이지만, 실상은 전혀 새로운 것이 아니다. 인류가 원시시대부터 뭔가를 태울 때 완전 산화가 되지 않아 입자 형태로 남은 것이 미세먼지다. 석탄, 석유 같은 화석연료뿐만 아니라 나무, 생선, 고기 등을 태워도 미세먼지가 발생하기 마련이다. 이런 미세먼지는 크기가 조금씩 다른 입자들이 섞여 있다. 크기가 10μm보다 작은 것들을 모아 측정하면 PM10이 되고, 이 중에서 크기가 2.5μm보다 작은 것들을 모으면 PM2.5가 될 뿐이다.

그동안 우리나라 정부에서는 미세먼지(PM10, P2.5)의 명칭과 관련해 부유먼지, 호흡성 먼지 등 다양한 용어 중에서 어떤 것을 채택할지 검토해 왔다. 사실 미국, 일본, 중국 등에서도 PM10, P2.5에 대해 제각기 다른 표현을 사용하고 있다. 우리나라에서는 1995년 환경정책기본법 환경기준에 PM10을 처음 도입하면서 '미세먼지'라고 부르기 시작했고, 2015년 PM2.5를 추가하면서 '초미세먼지'라고 표현했다. 하지만 일부에서는 '초(超)'라는 접두어를 붙인 것이 국제적으로 통용되는 기준과 다르다는 지적이 나왔다. 특히 유럽, 미국 등에서 PM2.5를 '미세입자(fine particles)'라고 부른다. 이에 2017년 환경부는 PM10을 부유먼지, PM2.5를 미세먼지로 부르자는 대기환경학회의 제안을 받아들여 대기환경보전법을 개정안을 마련하기도 했고, 2018년에는 미세먼지, 초미세먼지를 '미세먼지'로 통일하는 방안을 추진하기도 했다(크기에 따라 미세먼지 PM10, 미세먼지 PM2.5로 구분하는 것). 초미세먼지는 PM1.0(입자의 지름이 1.0μm 이하인 먼지)에 사용할 수 있게 남겨두자는 취지였다.

각국에서 사용하는 미세먼지 용어

구분	미국	일본	중국	WHO
PM10	호흡성 입자 (inhalable particles)	부유입자 (浮遊粒子)	가흡입과립물 (可吸入顆粒物)	PM10
PM2.5	미세 호흡성 입자 (fine inhalable particles)	미소입자 (微小粒子)	세과립물 (細顆粒物)	PM2.5

하지만 결국 국무회의에서 의결돼 2019년 2월부터 시행에 들어간 '미세먼지 특별법'에 따르면, 입자 지름이 10㎛ 이하인 미세먼지와 입자 지름이 2.5㎛ 이하인 초미세먼지로 구분하기로 했다. 정부는 초미세먼지란 용어를 국민이 이미 일상적으로 사용하고 있으며, 앞으로 다른 법령에서도 이 법을 근거로 해 미세먼지를 정의한다는 것을 고려했다고 설명했다.

황사, 스모그와 어떻게 다른가?

미세먼지는 황사와 어떤 차이가 있을까. 미세먼지는 크기가 매우 작은 오염물질을 말하며, 그중에서 중국이나 몽골의 사막에서 생긴 흙먼지를 황사라고 한다. 황사는 주로 봄에 우리나라에 영향을 미치는데, 몽골 고비사막, 내몽골고원 중국 북동지역, 황토고원 등에서 처음 발생한 뒤 바람(편서풍)을 타고 한반도로 유입된다. 황사의 주요 성분은 칼슘이나

영국 런던의 스모그. 런던형 스모그는 황산화물에 의해 생긴다.

규소 같은 토양 성분이다. 우리나라에 영향을 주는 황사 입자의 크기는 약 5~8μm이다. 즉 PM10에 속한다고 할 수 있다. 황사가 심한 날에는 PM10의 농도가 많이 올라간다.

그리고 미세먼지는 스모그와 어떻게 다를까. 미세먼지가 심하면 안개가 낀 것처럼 뿌옇게 보여 스모그와 비슷해 보인다. 스모그는 대기 중 오염물질이 안개의 형태로 떠 있는 상태를 말한다. 대표적으로 스모그는 황산화물에 의해 생기는 런던형 스모그와 질소산화물에 의해 생기는 로스앤젤레스(LA)형 스모그가 있다.

런던형 스모그는 1952년 12월 영국 런던에서 대기오염으로 일어난 환경 재난을 통해 처음 알려졌다. 당시 석탄을 연료로 사용해 배출된 연기와 짙은 안개가 합쳐져 스모그를 형성했고, 특히 연기에 포함된 아황산가스가 황산 안개로 변해 런던 시민의 호흡기에 악영향을 가했다. 이 스모그 때문에 런던 시민은 호흡 장애, 질식 등으로 5일간 4000여 명이 죽었고, 그 뒤 만성 폐질환으로 8000여 명이 목숨을 잃었다. 겨울에 많이 발생하는 런던형 스모그는 세계 각 도시의 공통된 스모그의 전형으로 가정, 공장, 발전소의 석탄 연소 과정에서 생긴 이산화황(SO_2, 아황산가스), 매연(먼지) 등이 안개와 결합해 만들어진다.

반면 LA형 스모그는 1943년 미국 로스앤젤레스에서 자동차의 배기가스로 인한 대기오염으로 황갈색 스모그가 나타난 사건을 통해 처음 알려졌다. 당시 로스앤젤레스에 흐릿하고 황갈색을 띤 안개 현상이 나타나 시민들의 눈을 따갑게 하고 눈물이 나게 했다. 1951년 네덜란드 출신의 과학자 하겐 스미트가 이 황갈색 스모그의 정체를 밝혀냈다. 즉 자동차 배기가스에서 나오는 탄화수소 화합물과 질소산화물이 대기 중에서 햇빛의 자외선을 받아 반응해 2차 오염물질(오존, 포름알데히드 등)이 생성되며 안개 형태를 띠는 것이다. LA형 스모그는 강한 햇빛에 의해 발생해 '광화학 스모그'라고도 한다. 스모그는 입자 크기가 2.5μm보다 훨씬 작기 때문에 주로 PM2.5 농도에 영향을 미친다. 빛의 산란으로 뿌연 상태가 지속되며 유해 물질이 달라붙어 황사보다 더 해롭다.

사실 우리나라도 1990년대에 뿌연 스모그가 언론매체에 자주 보도됐다. 특히 오랫동안 지속되는 서울의 뿌연 대기오염 현상이 런던형 스모그나 LA형 스모그와 다른, 새로운 유형의 한국형 또는 서울형 스모그일 가능성이 있다고 전문가 분석을 전했다. 당시에는 서울형 스모그가 미세분진(미세먼지)의 영향으로 일어났을 것이라고 추정했는데, 최근에도 고농도 미세먼지와의 연관성이 거론되고 있다. 보건환경연구원에 의하면, 요즘 서울에서 발생하는 고농도 미세먼지는 기상과 환경 조건(대기 정체)이 런던형 스모그와 비슷하지만, 원인 물질(배기가스)이 LA형 스모그와 비슷하다고 한다.

2. 미세먼지 발생원리

　미세먼지는 황사, 자동차 배기가스, 연소 입자처럼 직접 생겨나기도 (1차 생성) 하지만, 자동차나 공장에서 나온 가스 형태의 유해 물질이 대기 중의 다른 물질과 만나 형성되기도(2차 생성) 한다. 우리나라의 경우 전체 초미세먼지에서 2차 생성 미세먼지가 대부분을 차지한다. 미세먼지가 어떻게 발생하는지 구체적으로 살펴보자.

발생원마다 미세먼지의 모양과 크기 달라

　미세먼지 발생원은 크게 자연적인 것과 인위적인 것으로 구분된다. 먼저 자연적 발생원에는 흙먼지, 바닷물에서 생기는 소금, 식물의 꽃가루 등이 있다. 그리고 인위적 발생원으로는 보일러나 발전시설 등에서 석탄, 석유 같은 화석연료를 태울 때 발생하는 매연을 비롯해 자동차 배기가스, 소각장 연기, 건설현장 등에서 날리는 먼지(날림먼지), 공장 내에 있는 분말 형태의 자재(재료)를 취급하는 공정에서 나오는 가루 성분 등이 존재한다.

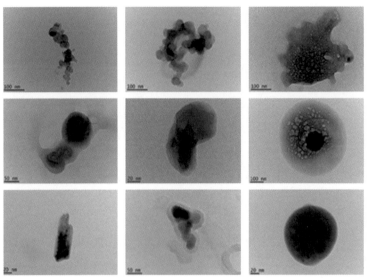

광주과학기술원(GIST) 박기홍 교수 연구팀이 찍은 초미세먼지 사진들(2013년 고농도 초미세먼지 발생 시). ⓒ GIST

미세먼지는 맨눈으로 구별하기 힘들지만, 현미경으로 들여다보면 발생원이나 배출원마다 모양과 크기가 천차만별이다. 미세먼지마다 일종의 지문(指紋)이 다른 셈이다. 광주과학기술원(GIST) 초미세먼지피해저감사업단에서 2014년부터 2016년까지 미세먼지 20여 종을 현미경 사진으로 촬영했다.

먼저 다양한 미세먼지를 모았다. 마른 은행잎, 소나무 가지, 무연탄을 직접 태워서 미세먼지를 수집했고, 직접 얻기 어려운 차량 배기가스는 자동차사업소에서 포집해 왔다. 그리고 이것들을 현미경으로 들여다봤더니, 그 결과 중국발 황사 입자는 크기가 4μm 정도인 데 비해, 자동차 배기가스 입자, 농작물 연소 입자, 쓰레기 소각 입자는 크기가

0.3~0.6μm에 불과했다. 크기뿐만 아니라 모양도 달랐다. 중국에서 온 황사 입자는 조약돌 모양인 반면, 자동차 배기가스 입자는 수많은 구슬이 사슬처럼 엮여 있는 형태였다.

초미세먼지피해저감사업단에 따르면, 사람의 지문 데이터베이스가 있어야 범인을 잡을 수 있듯이 배출원(또는 발생원)에 따라 서로 다른 미세먼지 분석 자료가 있어야 배출원을 역추적해 밝혀낼 수 있다. 사업단이 확보한 미세먼지 자료는 은행잎, 석유 등이 타면서 먼저 생겨난 1차 생성 미세먼지다.

2차 생성 미세먼지

미세먼지는 주로 자동차 배기가스에서 발생한다. 차량 연료가 연소할 때 직접 나오기도 하지만(1차 생성 미세먼지), 배기가스 속 물질이 대기 중의 다른 물질과 만나 생성되기도 한다(2차 생성 미세먼지). 1차 생성 미세먼지는 대개 발생원에서부터 고체 상태로 나오는 반면, 2차 생성 미세먼지는 발생원에서 나온 가스 상태의 물질이 다른 물질과의 화학반응을 거쳐 생성된다.

2차 생성 미세먼지는 자동차 배출구뿐만 아니라 공장 굴뚝에서 가스 상태로 빠져나온 유해 물질이 공기 중에 있는 물질과 반응해 생성된 초미세먼지(PM2.5)를 말한다. 예를 들어 화석연료의 연소 과정에서 나오는 황산화물이 대기 중의 수증기, 암모니아와 결합하거나, 자동차 배기가스에서 나오는 질소산화물이 대기 중의 수증기, 오존, 암모니아 등과 결합하는 화학반응을 통해 미세먼지가 생성된다.

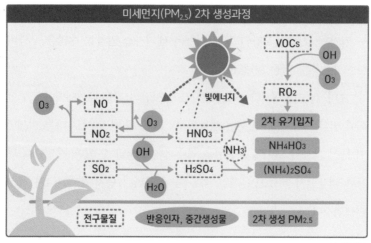

© 환경부

사실 미세먼지는 대기오염의 흔한 대리지표다. 대기오염물질인 휘발성 유기화합물, 질소산화물, 황산화물이 미세먼지로 전환되기 때문이다. 이 과정을 자세히 살펴보자. 먼저 자동차 배기가스, 주유소 유증기(油蒸氣, 공기 중에 안개 형태로 퍼진 크기 1~10μm의 기름방울) 등에 많이 들어 있는 휘발성 유기화합물(VOCs)은 수산화이온(OH⁻), 오존(O₃)처럼 반응성이 강한 물질과 화학반응을 일으켜 2차 유기입자가 된다. 이것이 바로 2차 생성 미세먼지다. 그리고 각종 연소과정에서 생기는 질소산화물(NO, NO₂)은 대기 중 오존 등과 반응해 산성 물질인 질산(HNO₃)을 생성하고, 이는 대기 중 염기성 물질인 암모니아(NH₃)와 반응해 질산암모늄(NH₄NO₃)이 된다. 이 질산암모늄 역시 2차 생성 미세먼지다. 또한 이산화황(SO₂)은 수증기 등과 반응해 황산(H₂SO₄)이 되고, 이는 다시 암모니아 등과 반응해 황산암모늄((HN₄)₂SO₄)이란 미세먼지를 생성한다.

2016년 5~6월에 국립환경과학원이 미국항공우주국(NASA)과 함께 DC-8을 비롯한 항공기 3대와 여기에 실린 NASA의 분석장비를 이용해 수도권을 중심으로 내륙과 서해안의 대기오염물질을 측정했다. 이렇게 진행한 '한미 대기질 공동연구(KORUS-AQ)'에 따르면, 우리나라 초미세먼지의 70% 이상이 2차 생성 미세먼지로 밝혀졌다. 2차 생성 미세먼지에는 질산염, 황산염, 암모늄처럼 몸에 해로운 물질이 많이 포함돼 있다. 이런 물질을 줄이려면 가스상 물질인 황산화물, 질소산화물, 휘발성 유기화합물, 암모니아 등을 감축할 필요가 있다.

미세먼지의 구성성분

미세먼지를 구성하는 성분은 미세먼지가 발생한 지역, 계절, 기상 조건 등에 따라 달라질 수 있다. 일반적으로 미세먼지의 주요 성분은 황산염, 질산염, 암모니아 등의 이온 성분, 금속화합물, 탄소화합물, 검댕(Black Carbon, BC), 광물성 먼지, 수증기 등이다. 황산염, 질산염 등은 대기오염물질이 공기 중에서 반응해 형성되고, 탄소화합물과 검댕은 석탄, 석유 같은 화석연료를 태우는 과정에서 생기며, 광물성 먼지는 지표면 흙먼지 등에서 발생한다. 특히 초미세먼지의 구조를 들여다보면, 가운데는 원소 상태의 탄소, 유기탄소와 같은 탄소류가 자리하고 그 주변을 2차 생성물인 황산염과 질산염, 중금속, 유해물질이 둘러싸고 있다.

환경부에 따르면, 서울, 대전, 광주 등 전국 6개 주요지역에서 측정된 미세먼지, 특히 초미세먼지의 구성비율은 대기오염물질 덩어리인 황산염, 질산염 등이 58.3%로 가장 높은 것으로 나타났다. 그 뒤를 이어 탄소류와 검댕이 16.8%, 광물성 먼지가 6.3%를 각각 차지했다. 한편 국내 미세먼지 발생분이 적은 백령도에서는 탄소류와 검댕의 비율이 상대적으로 낮았다.

2016년 한미 대기질 공동연구(KORUS-AQ)에 따르면, 수도권 초미세먼지(PM2.5) 오염 가운데 2차 생성 미세먼지가 4분의 3 이상이었고 1차 생성 미세먼지는 4분의 1 이하로 밝혀졌다. 유기물질이 가장 많았지만, 황산염과 질산염이 2차로 생성된 미세먼지 전체 양의 거의 반을 차지했다. 특히 항공기 DC-8에서 관측된 1차 생성 미세먼지 비율은 지상보다 작은 것으로 나타났다. 이는 지상에서 직접 배출된 미세먼지가 대기에서 혼합되어 희석되는 반면, 2차 생성은 지상과 대기에서 모두 일어나기 때문이다.

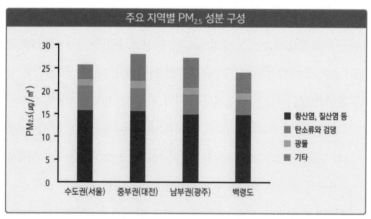

© 환경부

3. 미세먼지 측정은 어떻게?

우리나라에서 미세먼지란 말이 널리 쓰인 것은 1990년대 중반 이후다. 공식적인 미세먼지 측정도 이때부터 시작됐다. 초미세먼지를 체계적으로 측정하기 시작한 것은 2010년대 중반이다. 미세먼지는 어떻게 측정하는지 살펴보자.

뿌연 날엔 미세먼지 농도가 높을까?

우리는 언제부터인가 하늘이 뿌옇거나 날씨가 흐릴 때마다 혹시 미세먼지가 농도가 높은 것이 아닌가 하고 걱정하곤 한다. 하지만 미세먼지 농도가 높지 않아도 날씨가 흐리거나 안개가 끼면 뿌옇게 보일 수 있다. 실시간으로 대기질을 확인해 뿌옇게 보이는 것이 날씨에 의한 영향인지 미세먼지 농도가 높기 때문인지 확인할 필요가 있다.

실제로 초미세먼지(PM2.5) 농도가 높아지면 가시거리가 짧아진다(가시거리란 정상적인 시력을 가진 사람의 눈으로 식별할 수 있는 곳까지의 최대거리를 뜻한다). 즉 PM2.5의 농도가 높을 때는 멀리까지 보이지 않아 뿌옇게 느껴진다. 초미세먼지로 인해 빛이 산란되거나(여러 방향으로 흩어지거나) 흡수되어 가시거리가 줄어들기 때문이다.

초미세먼지 중에서도 크기가 0.5~1µm인 입자가 빛의 산란 효과를 가장 크게 일으켜 가시거리에 악영향을 미친다. 또한 초미세먼지 농도가 높은 상태에서 습도까지 높아지면 대기오염물질이 수분을 흡수해 가시거리는 더욱 줄어들게 된다. 일명 '스모그'가 발생하는 것이다.

미세먼지 언제부터 측정했나?

정부는 1984년부터 대기오염물질 가운데 먼지를 공식적으로 측정하기 시작했다. 당시에는 미세먼지가 아니라 공기 중에 떠다니는 모든 먼지의 총량, 즉 총부유먼지를 측정했다. 미세먼지는 1993년에 정부가 대기오염 관리 대상에 처음 포함했고, 공식적인 미세먼지 측정은 1995년에야 처음 시작됐다.

1995년 미세먼지(PM10)의 첫 측정 결과는 매우 심각한 수준이었다. 11개 도시의 연평균 미세먼지(PM10) 농도는 평균 66µg/m³에 불과했지만, 안양, 대구의 연평균 미세먼지 농도가 무려 83, 81µg/m³에 달했고, 서울의 연평균 농도는 78µg/m³를 기록했다. 서울의 측정지점 15곳에서는 최다 46일간이나 일평균 기준 150µg/m³를 넘어섰다. 2001년부터는 대기환경기준물질에서 총부유먼지가 제외되고 미세먼지(PM10)가 포함됐다.

요즘에는 미세먼지보다 더 해롭다는 초미세먼지에 주목하고 있는데, 초미세먼지(PM2.5)를 체계적으로 측정하기 시작한 때는 2015년이다. 환경부에서 초미세먼지에 대한 전국적인 공식 통계를 집계하기 시작한 것이다. 다만 서울시의 경우는 이보다 앞선 2003년부터 초미세먼지를 측정한 기록이 있다.

2019년 3월 초에는 우리나라가 고농도 초미세먼지에 휩싸인 적이 있다. 한국환경공단에서 운영하는 에어코리아 자료에 따르면, 특히 3월 5일 서울의 일평균 초미세먼지 농도가 135μg/m³까지 올라가 '관측 이래 사상 최고치'를 기록했다. 당시 거의 모든 언론에서 '사상 최악'이라고 보도했다. 사실 알고 보면 2015년 공식적으로 처음 초미세먼지를 관측한 이래 최고치라는 말이었다.

환경부 자료에 따르면 2003년 5월 22일 서울의 초미세먼지 농도가 139μg/m³를 기록한 적이 있다. 이 당시 서울의 초미세먼지 농도가 2019년 3월 5일보다 더 높았던 것이다. '사상 최악'이란 표현의 언론 보도는 좀 더 신중할 필요가 있겠다.

미세먼지 측정은 지상뿐 아니라 우주에서도

2022년 12월 말 기준으로 대기오염 측정망은 전국에 919개소가 있다. 예를 들어 도시지역의 평균 대기질 농도를 파악하는 도시대기측정망(521개소)을 비롯해 교외 지역의 농도를 측정하는 교외대기측정망(27개소), 도로변 대기질을 파악하는 도로변대기측정망(56개소), 국가배경농도측정망(도서 11개소, 선박 35개소), 유해대기물질측정망(57개소), PM2.5 성분측정망(42개소), 광화학대기오염물질측정망(18개소), 대기오염집중측정망(10개소) 등으로 다양한 측정망이 운영되고 있다.

이 중에서 대기오염 집중측정망은 2018년 백령도, 수도권, 남부권, 중부권, 영남권, 제주권 등 6개 권역으로 가동되다가 이후 경기권, 강원권, 충청권, 호남권 등 4개 권역이 추가돼 2022년 12월 말 현재 10개 권역으로 증가했다. 이곳에서 권역별 대기질 특성, 국내

센서형 미세먼지 측정장치. ©환경부

외 영향을 분석하기 위해 탄소 성분, 이온 성분, 중금속 성분 등 다양한 미세먼지 성분을 측정한다. 특히 황사를 비롯한 장거리 이동 대기오염물질의 성분을 정밀하게 조사해 고농도 미세먼지 현상에 대한 원인을 다방면으로 분석한다.

서울시의 경우 40년 이상 발전시켜 온 대기질 측정 시스템을 갖추고 있다. 1973년 측정소 4개를 시작으로 해서 2022년 12월 말 현재 도시대기측정망 25개소, 도로변대기측정망 15개소, 유해대기물질측정망 3개소, 대기중금속측정망 5개소, 산성강하물측정망 2개소, 광화학대기오염물질측정망 1개소를 설치해 정확한 대기질 농도를 측정하고 있다. 또 대기환경정보를 보여주는 전광판도 12개소를 운영하고 있다. 여러 측정소에서

측정된 미세먼지 농도는 '실시간 대기오염 정보공개시스템(www.airkorea.or.kr)'
등을 통해 공지된다.

미세먼지를 측정하는 방법은 크게 중량법과 베타선법이 있다. 먼저 중량법은 포집된 미세먼지의 중량을 저울로 재는 방식이다. 24시간 동안 시료를 채취해 여과지(필터)에 모인 물질 중에서 예를 들어 크기가 2.5μm보다 작은 미세먼지의 질량을 측정한다(PM2.5 농도). 베타선법은 미세먼지에 흡수되는 베타선의 양으로 농도를 자동 측정하는 방식이다. 방사선인 베타선이 어떤 물질을 통과할 때 물질의 질량이 클수록 더 많이 흡수되는 성질을 활용해 미세먼지를 채취한 여과지(필터)에 흡수된 베타선 양을 측정해 이 값으로부터 미세먼지 농도를 구한다. 이렇게 측정한 미세먼지 농도는 공기 $1m^3$ 중에 있는 미세먼지의 무게(μg, 1μg은 100만분의 1g)를 나타내는 $μg/m^3$ 단위로 표시한다.

지상뿐 아니라 우주에서도 미세먼지를 관측하고 있다. 고도 3만 6000km 상공 정지궤도에 떠 있는 환경위성은 특정 파장에 반응하는 오염물질의 특성을 이용해 미세먼지 등의 농도를 알아낸다. 즉 환경위성에 실린 광학센서로 지구에서 반사된 태양복사에너지를 측정해 우리나라를 비롯한 동아시아 지역의 대기오염물질(미세먼지, 이산화황, 이산화질소, 오존 등)의 농도를 관측한다. 우리나라는 2020년 2월 미세먼지 관측이 가능한 환경·해양위성(천리안 2B)을 발사했다. 대기의 수직 농도로부터 지상의 미세먼지 정보를 추출하는 방법을 개발해 2021년부터 미세먼지 정보를 제공하고 있다. 이런 환경위성의 관측 자료는 대기오염에 관련된 국가 간 협상에서 중요한 근거자료로 이용될 것으로 기대된다.

간이측정기, 미세먼지 앱 믿을 수 있나?

한때 미세먼지 수치에 대한 관심이 높아지면서 가격이 저렴한 휴대용 간이측정기가 인기를 끌었다. 일부에서는 환경부나 지방자치단체의 미세먼지 측정 결과에 의구심을 갖고 직접 미세먼지 농도를 측정하고 싶어 했기 때문이다. 문제는 간이측정기가 온도, 습도, 풍속 등 기상 조건이나 환경변화에 취약하고 오류가 나기도 해 신뢰성이 낮다는 점이다. 간이측정기는 보통 광산란방식(공기 중의 입자에 빛을 쏘아 발생하는 산란광으로 미세먼지 농도를 측정하는 방식)을 이용하는데, 이는 공식 측정방법으로 인정되지 않는다. 하지만 간이측정기 활용이 증가함에 따라 환경부에서는 2019년 8월 '간이측정기 성능인증제'를 도입해 추진하고 있다.

간이측정기 등급별 활용 방안

등급	적용 영역	권장 허용치
1등급	참고용(주변 농도 확인 등)	-보완적인 용도로 기존 국가측정망의 미설치지역에 설치해 주변 농도를 확인하는 데 참고자료로 사용할 수 있는 수준 -자료를 공개하거나 연구자료로 활용하기 위해서는 장비의 유지관리에 대한 노력이 필요함
2등급	제한적 활용(농도 단계 확인, 배출원 감시 등)	-1등급에 비해 신뢰도는 낮지만, 초미세먼지의 상대적인 농도 차이를 구분할 수 있는 수준 -지역 내 대형 공장 같은 배출원의 주변 영향을 인지하거나, 미세먼지 지도를 제작할 때 미세먼지 농도를 단계적으로 확인하기 위한 용도
3등급	교육용(교육 및 정보 제공)	-측정오차가 커서 측정결과에 대한 신뢰도는 낮지만, 농도의 경향성은 유지하는 수준 -미세먼지에 대한 정보가 부족한 일반 시민 대상의 교육용
등급 외	그 외	-측정결과의 정확도가 낮아 그 결과를 숫자로 표기하기 어려운 수준 -측정결과를 색깔로 표시하고 학생들의 실습용 도구에 적합

스마트폰의 사용이 보편화되면서 각종 앱(애플리케이션, 응용프로그램)이 유용하게 쓰이고 있다. 그중에는 미세먼지 앱도 있다. 미세먼지 앱의 정보는 어느 정도 신뢰할 수 있을까. 미세먼지 앱은 스마트폰 사용자의 위

성위치확인시스템(GPS) 실시간 위치 정보를 바탕으로 가까운 대기측정소 기준 미세먼지 농도를 알려준다.

예를 들어 사용자가 현재 서울 여의도에 있다면, 미세먼지 앱에서는 가장 가까운 영등포구 측정소의 관측 수치가 제공되는 식이다. 앱은 주변 대기측정소의 관측치를 가져온다는 말이다. 실제로 앱에서도 미세먼지 수치 정보에 대해 한국환경공단(에어코리아)과 기상청에서 제공하는 실시간 관측자료이며 실제 대기농도와 다를 수 있다고 설명한다. 그리고 대기측정소에서 제공하는 미세먼지 수치는 시간대별 관측 평균치라는 사실을 감안해야 한다. 만일 어느 순간에 여의도에서 1등급 간이측정기로 미세먼지를 측정한다면, 이 수치는 앱에서 제공하는 영등포구 측정소의 시간대별 관측치와 다를 수 있다는 뜻이다.

4. 미세먼지 농도의 국내외 비교

최악의 스모그를 겪었던 영국 런던과 미국 로스앤젤레스(LA)는 그동안 공기질을 좋게 만들고자 계속 노력해 왔고, 덕분에 미세먼지 오염도 많이 해소됐다. 우리나라 서울의 미세먼지 농도는 아직 런던, LA 같은 대도시보다 높으며, WHO의 권고기준에도 많이 못 미친다. 그럼에도 우리나라는 미세먼지 환경기준을 선진국 수준으로 강화하면서 미세먼지 농도를 낮추기 위해 애쓰고 있다.

우리나라 미세먼지 환경기준은 미국, 일본 수준

현재 우리나라 미세먼지 환경기준, 특히 초미세먼지(PM2.5) 환경기준은 미국, 일본 수준이다. 이전까지 국내 미세먼지(PM2.5) 환경기준이 WHO나 미국, 일본에 비해 현저히 완화된 수준이었다는 지적에 따라 연구용역, 공청회 등을 거친 뒤, 2018년 3월 PM2.5의 일평균 기준과 연평균 기준을 미국, 일본과 동일하게 강화했다. 즉 PM2.5의 일평균 기준은 $50\mu g/m^3$에서 $35\mu g/m^3$로, 연평균 기준은 $25\mu g/m^3$에서 $15\mu g/m^3$로 각각 낮췄다.

환경정책기본법에 따르면, 대기환경기준은 국가에서 국민의 건강을 보호하고 쾌적한 환경을 조성하기 위해 달성하고 유지하는 것이 바람직한 질적 수준이라고 규정돼 있다. 현재 우리나라는 이산화황(SO_2), 일산화탄소(CO), 이산화질소(NO_2), 미세먼지(PM10), 초미세먼지(PM2.5), 오존(O_3), 납, 벤젠 등 8개 항목을 대상으로 대기환경기준을 설정해 운영하고 있다.

이 중에서 먼지에 대한 환경기준은 1년 평균과 1일 평균으로 설정돼 있는데, 세월에 따라 변화해 왔다. 1983년 총부유먼지(TSP)를 환경기준으로 삼기 시작했고, 1993년 미세먼지(PM10)에 대한 환경기준을 추가했으며 1995년부터 공식적으로 PM10 농도를 측정했다. 총부유먼지에 대한 기준은 2001년 폐지됐다.

대신 2011년 초미세먼지(PM2.5)의 환경기준이 신설됐고, 이 기준은 2015년부터 적용됐다. 그 뒤 2018년에 PM2.5의 환경기준이 미국, 일본 수준으로 강화된 것이다. 현재는 PM10과 PM2.5에 대한 대기환경기준만 운영하고 있다.

먼지에 대한 환경기준 변화

항목	구분						
	1983	1991	1993	2001	2007	2011	2018
총부유먼지 (TSP)	150μg/m³(연) 300μg/m³(일)	150μg/m³(연) 300μg/m³(일)	150μg/m³(연) 300μg/m³(일)	(삭제)	–	–	–
미세먼지 (PM10)	–	–	80μg/m³(연) 150μg/m³(일)	70μg/m³(연) 150μg/m³(일)	50μg/m³(연) 100μg/m³(일)	50μg/m³(연) 100μg/m³(일)	50μg/m³(연) 100μg/m³(일)
초미세먼지 (PM2.5)	–	–	–	–	–	25μg/m³(연) 50μg/m³(일)	15μg/m³(연) 35μg/m³(일)

자료: 환경부

국가별 미세먼지 대기환경기준 비교

항목	기준시간	환경기준 비교					
		한국	WHO	EU	미국	일본	중국
PM2.5 (μg/m³)	연간	15	5	25	12^P, 15^S	15	35
	24시간	35	15	–	35	35	75
PM10 (μg/m³)	연간	50	15	40	–	–	70
	24시간	100	45	50	150	100	150

자료: 환경부

※ P(Primary standard): 천식 환자, 어린이, 노인과 같은 민감한 인구의 건강을 보호하는 것을 포함. 공중보건 보호 제공.
※ S(Secondary standard): 동물, 농작물, 식물, 건물에 대한 가시성 감소와 손상에 대한 보호를 포함. 공공복지 보호 제공.

세계보건기구의 권고기준

최근 WHO의 평가에 따르면, 전 세계 인구의 10% 정도만이 WHO가 제시한 가이드라인(권고기준)을 충족하는 안전한 공기를 마시며 생활한다. WHO는 이와 같은 상황을 매우 걱정하며 전 세계에 공기질을 개선하기 위해 노력해야 한다고 촉구한다. 그럼에도 불구하고 WHO가 각국의 미세먼지 환경기준을 WHO 권고기준 수준으로 강화하라고 요구하지는 않는다. 환경기준은 각국의 상황에 맞춰 정해야 하기 때문이다. 즉 환경기준은 국민 건강 영향, 국제기준, 오염도 현황, 달성 가능성 등을 종합적으로 고려해 설정된다.

WHO는 국가별 상황에 따라 환경기준을 설정할 수 있도록 3단계의 잠정 목표와 권고기준을 제시하고 있다. 현재 미세먼지 오염이 심한 국가는 짧은 시간 안에 WHO 기준을 충족할 방법을 찾기란 거의 불가능하다. 따라서 자국의 여건에 맞게 열심히 노력하면 달성할 수 있는 환경기준을 정하고, 대기 환경을 개선하면 그 기준을 다시 강화하는 방법이 실용적이고 효과적이라고 할 수 있다. 우리나라는 WHO의 잠정 목

표2를 환경기준으로 삼았다가 PM2.5의 경우 2018년에 잠정 목표3 수준으로 기준을 높였다.

미세먼지에 대한 WHO 권고기준과 잠정 목표

구분	PM2.5(μg/m³)		PM10(μg/m³)		각 단계별 연평균 기준 설정 시 건강 영향
	연평균	일평균 (24시간 기준)	연평균	일평균	
잠정 목표1	35	75	70	150	잠정 목표4에 비해 사망 위험률이 약 15% 증가 수준
잠정 목표2	25	50	50	100	잠정 목표1보다 약 6%(2~11%)의 사망 위험률 감소
잠정 목표3	15	37.5	30	75	잠정 목표2보다 약 6%(2~11%)의 사망 위험률 감소
잠정 목표4	10	25	20	50	심폐질환과 폐암에 의한 사망률 증가가 최저 수준
권고기준	5	15	15	45	사망률이 잠정 목표4보다 더 적음

    PM2.5의 경우 잠정 목표1인 연평균 35μg/m³의 오염도에 오랫동안 노출된다면 잠정 목표4(연평균 10μg/m³)일 때보다 사망률이 15% 정도 높을 것이라는 게 WHO의 추정이다. 잠정 목표1 수준에서 잠정 목표2(연평균 25μg/m³)까지 오염도를 떨어뜨린다면 사망률을 6% 정도 낮출 수 있고, 잠정 목표3(연평균 15μg/m³)까지 더 줄이면 사망률을 6% 더 감소시킬 수 있다. 결국 PM2.5가 연평균 10μg/m³씩 감소할 때마다 사망률도 6%씩 낮출 수 있는 셈이다.

    WHO는 권고기준과 단계별 목표를 설정할 때 일반적으로 연평균 수치를 우선시하도록 권고한다. 많은 국가에서 대기오염 수준이 과거에 비해 많이 좋아졌으므로 1950년대처럼 극심한 오염 현상이 발생할 우려가 낮기 때문이다. WHO의 권고기준은 단순히 공기질을 판단하는 잣대 역할을 하는 것이 아니라, 공기질을 끊임없이 개선해 나가도록 최종 목표와 단계별 목표를 제시한 것이다. 특히 WHO는 2021년 9월 '새로운 대기질 가이드라인(AQG)'을 발표하면서 미세먼지와 초미세먼지의 권고기준을 기존보다 강화했다. 즉 미세먼지는 기존 권고기준(연평균 20μg/m³, 일평균 50μg/m³)보다 강화된 연평균 15μg/m³, 일평균 45μg/m³ 이하로 유지하도록 했으며, 초미세먼지는 기존 권고기준(연평균 10μg/m³, 일평균 25μg/m³)보다 강화된 연평균 5μg/m³, 일평균 15μg/m³ 이하로 낮추도록 권했다.

우리나라는 2000년 전후에 잠정 목표1을 달성하고 2010년 무렵 잠정 목표2를 달성했다. 잠정 목표2를 달성하면 바로 그다음 단계로 목표를 강화해야 하는데, 2018년에야 비로소 환경기준을 잠정 목표3의 수준으로 강화했다.

세계 주요 도시의 미세먼지 농도 비교

현재 세계에서 가장 깨끗한 공기를 유지하고 있는 미국, 유럽, 일본, 오세아니아 등의 일부 도시만이 WHO의 잠정 목표3에 해당하는 환경기준을 충족했거나 충족하기 위해 노력하고 있다. 우리나라도 1970~1980년대 최악의 대기오염 상태를 벗어나 대기 환경이 많이 개선됐지만, 아직은 미세먼지 농도가 주요 선진국보다 높다.

2017년 기준으로 서울의 연평균 농도는 PM10이 44μg/m³, PM2.5가 25μg/m³를 각각 기록했다. 이는 같은 해 기준으로 미국 로스앤젤레스(LA), 일본 도쿄, 프랑스 파리, 영국 런던의 대략 2배 수준이다. 미세먼지 연평균 농도의 경우 LA는 PM10이 33μg/m³, PM2.5가 14.8μg/m³, 도쿄는 PM10이 17μg/m³, PM2.5가 12.8μg/m³, 파리는 PM10이 21μg/m³, PM2.5가 14μg/m³, 런던은 PM10이 17μg/m³, PM2.5가 11μg/m³이다. 이후 서울의 미세먼지와 초미세먼지 농도는 점차 낮아지는 추세이지만, 아직 LA, 도쿄, 파리, 런던에 비해 높은 수치를 나타내고 있다.

우리나라의 미세먼지 농도가 상대적으로 높은 이유는 무엇일까? 인구밀도가 높고 도시화, 산업화가 고도로 진행되어 단위면적당 미세먼지 배출량이 많지만, 지리적 위치, 기상 여건 등도 유리하지 않기 때문이다. 즉 한반도는 지리적으로 편서풍 지대에 위치해 일상적으로 주변국의 영향을 받으며, 미세먼지를 씻어 내리는 강수는 여름에 집중된 데 비해 겨울, 봄에는 극히 적어 세정효과를 기대하기 힘들다. 그럼에도 우리나라가 WHO의 잠정 목표2에 도달한 뒤 이제는 선진국처럼 잠정 목표3을 달성하기 위해 노력하게 된 것이 그동안의 성과라고 말할 수 있다.

최근 6년간 미세먼지(PM10) 농도

구분	한국 서울(25개 측정소 평균 농도)	미국 LA	일본 도쿄	프랑스 파리	영국 런던	중국(전국 339개소 평균 농도)
2017년	44	33	17	26	17	–
2018년	40	33	18	22	17	71
2019년	42	29	16	23	18	63
2020년	35	29	14	19	16	56
2021년	38	33	17	19	16	54
2022년	33	35	13	20	17	51

단위: μg/m³
자료: 한국환경공단 에어코리아

최근 6년간 초미세먼지(PM2.5) 농도

구분	한국 서울(25개 측정소 평균 농도)	미국 LA	일본 도쿄	프랑스 파리	영국 런던	중국(전국 339개소 평균 농도)
2017년	25	14.8	12.8	14	11	–
2018년	23	13.3	12.4	14	10	39
2019년	25	13.4	10.5	13	11	36
2020년	21	15.9	9.8	10	9	33
2021년	20	13.8	8.5	12	11	30
2022년	18	12.3	9.0	12	8	29

단위: μg/m³
자료: 한국환경공단 에어코리아

 실내 미세먼지도 관리한다

2018년 10월 개정한 '실내공기질 관리법 시행령 및 시행규칙'에는 실내 미세먼지 기준을 강화하는 내용을 담았다. 어린이집, 산후조리원 등 민감계층 이용시설의 경우 PM10 기준이 100μg/m³에서 75μg/m³로 강화되고, PM2.5 기준은 70μg/m³에서 35μg/m³로 강화됐다. 특히 PM2.5 기준은 권고기준에서 유지기준으로 변경됐다. 또한 지하역사(승강장, 대합실), 대규모 점포, 영화

실내 미세먼지 기준

시설군		PM10(μg/m³)		PM2.5(μg/m³)	
		현행	개정	현행	개정
민감계층 이용시설 (4개)	어린이집, 노인요양시설, 산후조리원, 의료기관	100 (유지)	75 (유지)	70 (권고)	35 (유지)
일반시설 (16개)	지하역사, 지하도 상가, 철도역사 · 여객자동차터미널 · 항만시설 대합실, 공항시설 여객터미널, 도서관, 박물관, 미술관, 대규모 점포, 장례식장, 영화관, 학원, 전시시설, PC방, 목욕장업	150 (유지)	100 (유지)	–	50 (유지)

자료: 환경부

WHO 잠정 목표 및 권고기준

구분	PM10(24시간)	PM2.5(24시간)	연평균 건강 영향
잠정 목표1	150µg/m³	75µg/m³	잠정 목표4 대비 사망 위험률 15% 증가
잠정 목표2	100µg/m³	50µg/m³	잠정 목표1 대비 사망 위험률 6% 감소
잠정 목표3	75µg/m³	37.5µg/m³	잠정 목표2 대비 사망 위험률 6% 감소
잠정 목표4	50µg/m³	25µg/m³	사망 위험률 가장 낮은 수준
권고기준	45µg/m³	15µg	사망률이 잠정 목표4보다 더 적음

관처럼 불특정 다수가 이용하는 다중이용시설은 PM10 기준이 150µg/m³에서 100µg/m³로 강화되고, PM2.5 기준은 50µg/m³(유지기준)로 신설됐다. 미세먼지 측정시간은 신뢰도와 정확도를 높이기 위해 기존 6시간에서 24시간으로 늘렸다. 어린이집을 포함한 민감계층 이용시설은 WHO 권고기준의 잠정 목표3 수준, 지하역사를 비롯한 일반시설은 잠정 목표2 수준으로 설정한 것이다. 아울러 2019년 10월 공개한 '실내공기질 관리법 시행령 및 시행규칙' 개정안에 따르면, 지하철, 기차, 시외버스 등 대중교통차량의 경우 실내공기질 측정을 의무화했고, 권고기준도 일반 다중이용시설과 같은 PM2.5 농도 50µg/m³로 강화했다.

꼭꼭 씹어 생각 정리하기

1. 미세먼지와 초미세먼지는 어떻게 다른지 알아보고, 미세먼지와
   초미세먼지를 왜 나누었는지 설명해 봅시다.

   _____

   _____

2. 미세먼지는 황사나 스모그와 어떻게 다른지 비교해서 설명해 봅시다.
   또한 런던형 스모그와 로스앤젤레스(LA)형 스모그는 어떻게 다른지
   함께 정리해 봅시다.

   _____

   _____

3. 미세먼지와 초미세먼지가 생성되는 원리를 자세히 알아보고,
   1차 생성과 2차 생성을 비교해서 설명해 봅시다.

   _____

   _____

4. 미세먼지를 측정하는 중량법과 베타선법이 무엇인지, 휴대용 간이
   측정기의 원리는 무엇인지 비교해 알아보고, 간이측정기의 문제점에
   대해 설명해 봅시다.

   _____

   _____

5. WHO는 2021년 9월 새로운 대기질 가이드라인(AQG)을
   발표하면서 미세먼지와 초미세먼지의 권고기준을 기존보다
   강화했습니다. 권고기준을 어떻게 강화했는지 알아보고 권고기준을
   왜 강화했는지 함께 설명해 봅시다.

   _____

   _____

6. 서울과 세계 주요 도시(미국 로스앤젤레스, 영국 런던, 프랑스 파리,
   일본 도쿄 등)의 미세먼지 농도를 비교해 알아본 뒤, 서울의
   미세먼지 농도가 상대적으로 높은 이유를 설명해 봅시다.

   _____

   _____

3부

미세먼지
현황 및 관리

1. 미세먼지 배출 현황과 배출량

언론이나 관련 전문가들은 미세먼지가 어디서 많이 배출되는가를 두고 옥신각신한다. 미세먼지 발생의 주범은 자동차일까, 화력발전소일까를 두고도 의견이 갈린다. 매년 미세먼지 배출량이 발표되고 있는데, 해마다 배출원별 배출량이 달라진다. 물론 지역에 따라 배출량이 다르기도 하다.

미세먼지 어디서 많이 배출되나

미세먼지 배출원이란 미세먼지를 대기 중으로 발생시키는 근원지를 말한다. 주요 배출원은 사업장, 발전소, 농업·축산·수산업시설, 자동차(경유차, 휘발유차 등), 선박, 항공, 건설기계, 비산먼지(날림먼지), 소각 등이 있다. 그렇다면 미세먼지 배출량은 어떻게 산정할까. 미세먼지 배출량은 국가 통계자료를 최대한 활용하되 각 부문의 배출원별 자료(연료 사용량, 자동차 주행거리 등 활동도)에 각 단위로 배출되는 양(배출계수)을 곱해 산정한다. 물론 실제 측정자료가 있다면 이를 이용한다.

미세먼지 배출량은 환경부 국립환경과학원에서 1999년부터 산정하기 시작한 국가 대기오염물질 배출량의 일환이다. 그해 대기정책지원시스템을 기반으로 총 7개 대기오염물질(일산화탄소, 질소산화물, 황산화물, 총먼지(TSP), 미세먼지(PM10), 휘발성 유기화합물, 암모니아)에 대해 배출량을 산정하기 시작했는데, 여기에 미세먼지(PM10)가 포함됐다. 이후 2011년에 초미세먼지(PM2.5), 2014년에 블랙카본(검댕)이 각각 추가됐다. 현재는 총 9개 물질에 대해 배출량을 산정하고 있는 셈이다.

이제 배출원별 미세먼지 배출량에 대한 최근 자료를 살펴보자. 2023년 6월에 발표된 최신 자료인 '2020년 국가 대기오염물질 배출량 통계자료'에 따르면, 전국적인 미세먼지(PM10) 배출량은 비산먼지가 64.5%로 가장 많았고, 비(非)도로이동오염원(건설기계 등) 11.4%, 생물성 연소 9.3%, 제조업 연소 4.6%, 생산공정 4.2%, 도로이동오염원(자동차) 2.8%, 에너지산업 연소 1.9% 순으로 나타났다. 초미세먼지(PM2.5) 배출량 역시 비산먼지에서 27.5%로 가장 많았으며, 비도로이동오염원 26.5%, 생물성 연소 19.4%, 생산공정 8.1%, 도로이동오염원 6.4%, 제조업 연소 5.3%, 에너지산업 연소 4.1% 순으로 나타났다. 2020년 미세먼지와 초미세먼지 배출원은 배출량 비율만 다를 뿐 순위가 같은 것이 특징이다.

2020년 시도별 배출량을 살펴보면, 초미세먼지(PM2.5)의 경우 경기와 경북에서 많이 배출됐다. 구체적으로 경기는 비산먼지와 비도로이동오염원 부문에서, 경북은 생물성 연소와 비산먼지 부문에서 배출량 비중이 가장 높은 것으로 나타났다. 수도권은 이와 조금 다른 양상을 보였는데, 특히 서울에서는 2016년~2020년에 도로이동오염원과 비도로이동오염원이 배출량 비중의 선두다툼을 해왔다.

연도별 미세먼지 배출량은 어떻게 달라졌을까. 미세먼지 관리 종합
대책에서는 국내 배출량 분야를 발전, 산업, 수송, 생활 부문으로 구분하
고 있다. 2016년부터 2020년까지 배출원별 배출량 장기 추세를 살펴보
면, 적극적인 저감 정책이 시행되면서 산업, 수송 및 생활(농업) 배출량이
큰 폭으로 감소한 것으로 분석됐다. 특히 2016년 6월 미세먼지 관리 특
별대책 도입, 2017년 9월 미세먼지 관리 종합대책 추진, 2019년 11월 미
세먼지 관리 종합계획 시행 덕분에 부문별로 배출량이 감소한 것으로 보
인다. 발전 부문의 미세먼지를 관리하기 위해 노후 석탄화력발전소 폐쇄,
겨울철 석탄화력발전소 가동 중단 및 상한 제약 등의 정책을 시행했고,
산업 부문은 사업장 총량관리제 확대(중부, 남부, 동남), 배출허용기준 강화
및 질소산화물 부과금 부과, 대형사업장의 자발적 감축 유도 등의 정책
을 시행했다. 수송 부문은 도로이동오염원의 경우 자동차 총 등록 대수
와 주행거리는 늘어났으나, 친환경 차 보급확대, 노후 자동차 감소 및 배
출가스 규제 강화로 인해 초미세먼지(PM2.5), 질소산화물 등의 배출량이
감소하는 추세인 것으로 분석됐다.

초미세먼지(PM2.5) 배출량은 2016~2020년 5년간 추세를 살펴보면,
2018년엔 전년에 비해 소폭 증가했지만, 전반적으로 감소하는 경향을
나타냈다. 제조업 연소 배출원에선 2016~2019년 1000톤 이상의 배출
량 증감을 반복한 반면, 대부분의 배출원에서 연도별로 배출량이 감소
했기 때문이다. 2020년 PM2.5 배출량은 2016년에 비해 1만 1210톤
(16.1%) 감소했으며, 2019년에 비해 2994톤(4.9%) 감소했다. 부문별로 배

친환경 자동차에는 전기차, 수소전기차, 하이브리드차, 플러그인 하이브리드차가 있다.

출량 감소 폭은 수송, 산업, 발전, 생활 순으로 높았다. 수송 부문 중 도로이동오염원의 PM2.5 배출량은 2016년 배출량의 약 15%(1만 138톤)를 차지했지만, 2020년 배출량의 약 6%(3761톤)를 차지할 만큼 감소했다. 차량등록 대수와 주행거리가 증가했음에도 친환경 차 보급을 확대함에 따라노후 자동차를 줄이고 배출가스 규제를 강화하는 적극적인 초미세먼지저감 정책에 의한 영향으로 분석된다. 또 비도로이동오염원도 2020년 배출량이 2016년에 비해 약 1300톤 이상 감소했는데, 이는 노후 건설장비감소 등으로 건설장비 배출량이 감소한 것이 주요 요인으로 보인다. 산업 부문 중 제조업 연소의 2020년 배출량은 2019년에 비해 약 600톤증가했지만, 2016년에 비해 약 1500톤 감소했다. 이는 활동 정도에 따른배출량 변화를 반영하는데, 이 시기에 사업 총량관리제 확대·강화, 배출허용기준 강화 등이 시행된 영향도 있다. 발전 부문 중 에너지산업 연소의 2020년 배출량은 2019년에 비해 421톤 감소했으며, 2016년에 비해856톤 감소했다. 배출량은 2018년 가장 높게 나타났는데, 5년간 전체적으로 감소하는 추세를 보였다. 이 시기에 노후 석탄화력발전소 6기 폐지 등의 정책이 시행됐다. 생활 부문 중 비산먼지와 생물성 연소 배출원은 2016~2020년 배출량 중 각각 23~27.5%(1만 6031~1만 6855톤), 17.4~19.4% (1만 1244~1만 2153톤)를 차지했는데, 약 80~700톤의 배출량 증감양상을 나타냈다. 이는 건설착공면적 변화, 농축산 활동 등의 영향으로 보인다.

또 2016~2020년 5년간 미세먼지(PM10)의 배출량은 주기적인 증감양상을 보이는데, 전체적으로는 감소하는 경향을 나타냈다. 2020년 PM10 배출량은 2016년에 비해 1만 8699톤(11.3%) 감소했고, 2019년에 비해 5083톤(3.3%) 줄었다. 특히 생활 부문 중 비산먼지 배출원은 배출량의 59.7~64.5%를 차지하는데, 2020년 배출량은 2016년에 비해 4122톤(4.2%) 감소했으며, 2019년에 비해 1909톤(2.0%) 줄었다.

대분류별 미세먼지(PM10) 배출량 추이

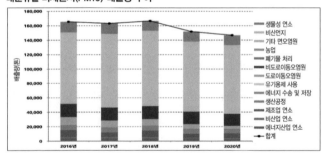

© 환경부

대분류별 초미세먼지(PM2.5) 배출량 추이

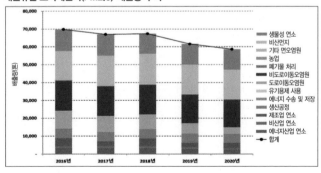

© 환경부

2020년 배출원별 미세먼지(PM10) 배출량

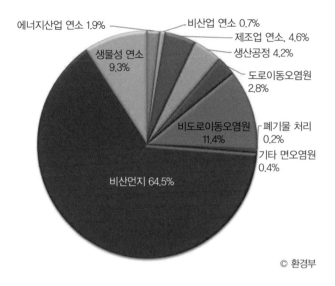

에너지산업 연소 1.9%
비산업 연소 0.7%
제조업 연소, 4.6%
생산공정 4.2%
도로이동오염원 2.8%
생물성 연소 9.3%
폐기물 처리 0.2%
비도로이동오염원 11.4%
기타 면오염원 0.4%
비산먼지 64.5%

© 환경부

2020년 배출원별 초미세먼지(PM2.5) 배출량

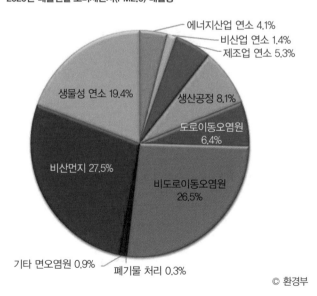

에너지산업 연소 4.1%
비산업 연소 1.4%
제조업 연소 5.3%
생물성 연소 19.4%
생산공정 8.1%
도로이동오염원 6.4%
비산먼지 27.5%
비도로이동오염원 26.5%
기타 면오염원 0.9%
폐기물 처리 0.3%

© 환경부

문제는 자동차인가? 화력발전소인가?

한때 언론에서 미세먼지의 주범을 두고 갑론을박하던 대상이 바로 자동차(특히 경유차)와 화력발전소다. 2016년 미세먼지 배출량 통계를 살펴보면, 전국적으로 자동차(도로이동오염원)와 발전소가 배출하는 미세먼지 양이 13%대로 비슷하다.

지역적인 차이를 감안하는 것이 중요하다. 예를 들어 수도권의 2016년 미세먼지 배출량 통계에서는 자동차(29.4%)가 발전소(9.0%)보다 3배 이상 미세먼지를 더 많이 배출했음을 확인할 수 있다. 특히 수도권의 경우 자동차 배출량 중에서 경유차가 차지하는 비중이 월등하게 크다. 수도권에서 경유차를 집중적으로 관리해야 하는 이유다. 더욱이 경유차는 배출량에 비해 건강위해도가 더 높은 것으로 알려져 있다. 미국 LA 사례를 보면, 경유차가 대기 중 초미세먼지(PM2.5) 농도에 대한 기여도는 약 15%인데 반해, 발암위해성 기여도는 약 68%라고 한다.

미세먼지 문제는 경유차에만 국한된 것은 아니다. 휘발유차, LPG차, 전기차처럼 바퀴를 굴려서 도로 위를 달리는 자동차 모두가 미세먼지를 발생시킨다. 국내외 연구에 따르면, 타이어와 브레이크 패드가 마모되면서 생긴 미세먼지 배출량은 연료 연소에 의한 배출량과 유사한 수준이기 때문이다. 실제로 미국 자동차업체 포드에서 한 실험에 따르면, 급커브를 돌 때 미세먼지가 1cm³당 350만 개까지 늘어났으며 급정차와 급가속을 할 때 평균 30~80nm(나노미터, 1nm=10억분의 1m) 크기의 초미세먼지가 검출됐다고 한다.

그리고 발전소에서 나오는 미세먼지 배출량을 따질 때는 직접적 배출(1차 배출)뿐만 아니라 대기 중 2차 반응에 의해 생성되는 미세먼지도 고려해야 한다. 즉 발전소 굴뚝에서 황산화물, 질소산화물, 휘발성 유기 화합물 등 가스상 물질이 배출된 뒤 대기 중에서 2차 반응을 일으켜 초미세먼지가 발생하기 때문이다. 이를 감안했을 때 2016년 미세먼지 배출량 통계에서 발전소 배출량과 자동차 배출량이 엇비슷하게 나온 것이다. 2015년 초미세먼지 배출량의 경우 1차 배출에서 발전소(3.7%)보다 자동차(8.9%)의 비중이 컸으나, 2차 생성 초미세먼지까지 포함하면 발전소(14%)가 자동차(11.7%)보다 비중이 더 높았다.

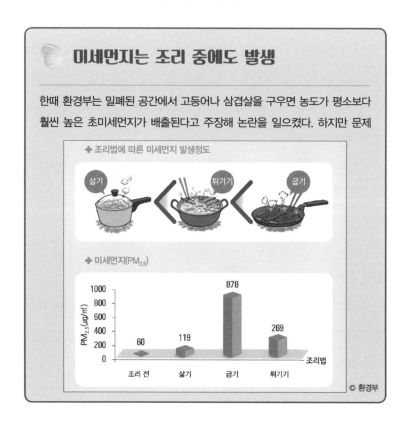

미세먼지는 조리 중에도 발생

한때 환경부는 밀폐된 공간에서 고등어나 삼겹살을 구우면 농도가 평소보다 훨씬 높은 초미세먼지가 배출된다고 주장해 논란을 일으켰다. 하지만 문제

+ 조리법에 따른 미세먼지 발생정도

삶기 < 튀기기 < 굽기

+ 미세먼지(PM$_{2.5}$)

60 119 878 269

조리 전 삶기 굽기 튀기기

© 환경부

의 초점은 고등어, 삼겹살이 아니라 어떤 음식이든 조리과정에서 미세먼지가 발생한다는 사실이다. 미세먼지는 가정에서 가스레인지, 오븐 등으로 조리할 때 많이 생성된다. 먼저 음식 표면에서 크기가 15~40nm인 입자가 생기고 재료 중의 수분, 기름 등과 응결해 그 크기가 커지는 것으로 알려져 있다. 조리법에 따라 미세먼지의 발생 정도가 다르다. 기름을 사용하는 굽기나 튀김 요리는 재료를 삶는 요리보다 미세먼지를 더 많이 발생시킨다. 농도가 평소보다 최소 2배에서 최대 60배나 높은 초미세먼지가 생긴다고 한다.

지역별 미세먼지 배출 차이는?

미세먼지 배출량은 지역적으로 차이가 난다. 대체로 인구 밀집 지역, 오염물질 발생원이 많은 지역, 서해안 지역의 미세먼지 농도가 다른 지역에 비해 높은 편이다. PM2.5가 대기환경기준으로 적용되기 시작한 2015년부터 2018년까지 미세먼지(PM10)과 초미세먼지(PM2.5)의 지역별 연평균 농도를 살펴보자.

PM10의 경우 이 기간 동안 전국 평균보다 높은 지역은 해마다 조금씩 다르지만, 경기와 전북이 매년 전국 평균을 웃도는 것으로 나타났다. 특히 경기는 4개년 모두 17개 시도 중에서 가장 높은 농도를 기록했다. PM2.5의 경우 매년 전국 평균을 넘은 지역은 전북이었으며, 부산, 경기, 강원, 충북은 전국 평균과 같거나 더 높은 것으로 밝혀졌다.

2018년에는 경기, 충북, 전북의 미세먼지 농도가 다른 지역에 비해 높게 나타났다. 즉 2018년 미세먼지(PM10)와 초미세먼지(PM2.5) 농도는 전국 평균이 각각 $41\mu g/m^3$, $23\mu g/m^3$이었는데 비해, 경기는 각각 $44\mu g/m^3$, $25\mu g/m^3$이었고 충북은 $44\mu g/m^3$, $27\mu g/m^3$이었으며 전북은 $43\mu g/$

m³, 25㎍/m³이었다.

또한 지역에 따라 미세먼지의 주요 배출원도 다르게 나타난다. 예를 들어 2012년 국내 주요 도시별로 미세먼지 배출량을 분석한 결과를 보면, 다음과 같은 경향을 관찰할 수 있다. 차량이 많은 서울은 도로이동오염원이, 항구도시인 부산은 선박을 비롯한 비도로이동오염원이, 공업도시인 울산은 제조업 연소, 생산공정이 각각 주된 미세먼지 발생원으로 파악됐다.

2. 우리나라 미세먼지 오염 현황

우리나라 미세먼지 오염은 정말 심각한 상태일까? 언론 보도만 보면, 지금이라도 당장 공기 좋은 나라로 이민이라도 가야 할 것 같지만, 사실을 확인하면 과장된 보도임을 알 수 있다. 미세먼지와 관련된 우리나라 대기질은 1980년대 이후 점차 개선되고 있다. 다만 고농도 미세먼지 발생 양상은 개선되지 않고 있다. 한때 겨울에 삼한사온(三寒四溫) 대신 '삼한사미(三寒四微)'라는 신조어까지 생겼다. 즉 겨울에 3일은 춥고 4일은 따뜻한 대신 미세먼지가 심해진다는 뜻이다.

국내 미세먼지 오염 악화되고 있나?

몇 년 전부터 언론에서 하도 우리나라의 미세먼지 오염도가 '사상 최악'이라고 보도하는 바람에, 많은 사람이 요즘 미세먼지로 인한 대기질이 가장 안 좋다고 오해한다. 하지만 우리나라의 미세먼지 오염도는 서울을 포함해 전국적으로 점차 개선되는 추세를 보이고 있다. 적어도 먼지에 대한 측정 기록이 있는 1980년대 이후부터 말이다.

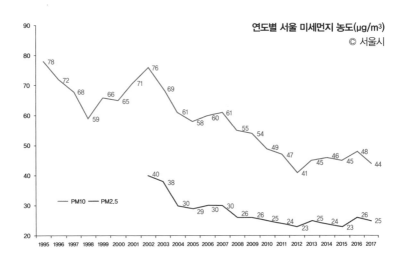

연도별 서울 미세먼지 농도(μg/m³)
© 서울시

먼저 연평균 미세먼지(PM10) 농도를 살펴보자. 대부분의 지역이 2000년대에 접어들어서 PM10 농도를 측정했지만, 서울은 1995년부터 측정을 시작했다. 서울의 연평균 PM10 농도는 1995년 78μg/m³이었는데, 2000년대 초까지 70μg/m³ 안팎을 넘나들다가 이후 빠르게 감소해 2012년 41μg/m³까지 기록했고, 그 뒤 45μg/m³ 안팎을 오르내리고 있다. 2018년 서울의 연평균 PM10 농도는 관측사상 가장 낮은 40μg/m³까지 떨어졌다. 전국적으로 연평균 PM10 농도를 보면, 2001년에서 2006년까지 51μg/m³에서 61μg/m³ 사이를 기록하다가 2007년 이후 2012년까지 꾸준히 감소하는 경향을 나타냈지만, 2012년 이후 감소 추세가 주춤하는 것으로 파악된다.

연평균 초미세먼지(PM2.5)의 농도는 어떨까. PM2.5 농도의 경우 전국적으로는 2015년부터 측정했지만, 서울은 2002년부터 측정을 시작했다. 2002년 40μg/m³이었던 서울의 PM2.5 농도는 2018년 23μg/m³까지 낮아졌다. 전국의 연평균 PM2.5 농도도 2015년 이후 25μg/m³ 안팎을 기록해 왔다. 이런 측정치를 전체적으로 놓고 볼 때, 미세먼지 관점에서 1990년대 중반 이후 우리나라 대기질은 좋아지고 있다고 판단할 수 있다.

연도별 서울 총먼지(TSP) 농도(μg/m³)
© 서울시

1990년대 이전에는 총부유먼지(총먼지, TSP)를 측정했다. 환경부의 한 국환경연감 자료에 따르면, 측정 첫해인 1984년 서울의 연평균 총먼지 농도는 210μg/m³이었고, 이듬해인 1985년에는 216μg/m³까지 올랐다. 서울아시안게임이 열린 1986년부터 총먼지가 감소하기 시작해 서울올림픽이 개최된 1988년에 179μg/m³를 기록했고, 이후 더욱 감소해 1994년 총먼지 농도는 79μg/m³까지 내려갔다. 이를 근거로 볼 때 (미세)먼지에 의한 대기오염은 1990년대보다 1980년대에 더 심했다고 말할 수 있다.

2000년대에 들어서는 추이측정소에서 미세먼지(PM10)를 전국적으로 측정해 연별 변화를 살펴볼 수 있다. 추이측정소란 도시대기측정소 중에서 해당 지역의 장기추세 변화, 대기질 개선 정책효과 분석 등에 활용하기 위해 지정한 측정소를 뜻한다. 도시대기측정소는 신설, 이전 등으로 인해 모든 측정소의 자료를 이용할 경우 대기오염물질 변화 추이를 정확히 살필 수 없기 때문에 전국의 도시대기측정소 가운데 추이측정소를 지

한국환경산업연감(2019).

정해 위치변경을 제한하고 장기추세를 파악하는 데 활용한 것이다. 2022년 말 현재 추이측정소는 서울 5개소, 경기 13개소, 부산 3개소, 대구 2개소, 인천 3개소, 광주 2개소, 대전 2개소, 울산 3개소, 세종 1개소, 강원 2개소, 충북 2개소, 충남 2개소, 전북 2개소, 전남 3개소, 경북 3개소, 경남 3개소, 제주 1개소를 운영하고 있다. 전국 추이측정소의 연별 대기오염물질 농도 변화를 보면 각 항목의 장기추세를 확인할 수 있다. 특히 미세먼지(PM10)는 2000년 이후, 초미세먼지(PM2.5)는 2015년 이후의 농도 변화를 살펴볼 수 있는데, 둘 다 전반적으로 감소 추세에 있다. 구체적으로 미세먼지 농도는 2002년 64μg/m³로 최고치를 기록한 뒤 최근까지 꾸준히 감소하는 추세를 나타내다 2021년엔 38μg/m³로 증가했고 2022년에 다시 32μg/m³로 감소했다. 초미세먼지는 2015년 측정 이후 꾸준히 감소 추세를 보이면서 2022년에 17μg/m³로 최저 농도를 기록했다.

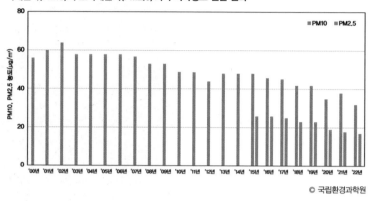

미세먼지(PM10)와 초미세먼지(PM2.5)의 추이측정소 연별 변화

© 국립환경과학원

문제는 고농도 미세먼지?

2010년대 중반 이후 미세먼지(PM10) 농도는 45μg/m³ 안팎, 초미세먼지(PM2.5) 농도는 25μg/m³ 안팎을 오르내리고 있다. 미세먼지 오염도가 더 감소하지 않고 있는 셈이다. 이런 추세에서 최근에는 고농도 미세먼지가 많은 사람의 주목을 받고 있다. 고농도 미세먼지 사례는 크게 2가지가 있다. 미세먼지(PM10)의 일평균 농도가 100μg/m³ 이상이거나, 초미세먼지(PM2.5)의 일평균 농도가 50μg/m³를 초과하면 '고농도 미세먼지'가 발생했다고 표현한다.

먼저 미세먼지(PM10) 고농도 사례에 주목해 보자. APEC 기후센터 연구진이 2018년에 발표한 논문에 따르면, PM10 농도가 100μg/m³ 이상인 고농도 사례 일의 빈도를 따져볼 때, 2003년부터 2016년까지의 고농도 사례 일수가 대체로 감소했다. 이는 미세먼지(PM10) 연평균 농도가 감소하는 경향과 마찬가지다. 서울의 경우 2001년부터 2016년까지 PM10 농도가 100μg/m³를 넘는 날은 모두 366일이었는데, 2002년에

55일로 가장 많았고 2015년에 2일로 가장 적었다.

하지만 연구진이 미세먼지(PM10) 고농도 일수의 지속기간을 살펴봤을 때는, 뚜렷한 감소세를 확인하기 힘들었다. 2001년, 2007년에 7일로 가장 긴 사례가 발생했으며, 2011년과 2014년에 6일간 지속된 사례가 나타났다. 특히 4일 이상 지속됐던 고농도 사례의 경우 2001년과 2003년을 제외하면 전반적으로 대기질이 향상되고 PM10 배출량이 줄고 있음에도 불구하고 지속적으로 발생하고 있다.

초미세먼지(PM2.5)의 고농도 사례도 이와 비슷한 양상을 보였다. 환경부 자료에 따르면, 연평균 PM2.5 농도는 개선되는 경향을 띠지만, 고농도 발생 일수는 전체적으로 증가하는 추세로 나타났다(사실 고농도 미세먼지는 대기 정체 같은 기상 상황, 외부 유입, 대기 중 화학반응으로 인한 2차 생성 등 여러 가지 요인이 복합적으로 작용해 발생하는데, 일평균 농도를 평균한 값인 연평균 농도는 고농도 발생 일수가 많더라도 평상시 미세먼지 농도가 낮다면 감소할 수 있다). 서울을 기준으로 2015년부터 2019년까지 연도별로 고농도 미세먼지(PM2.5) 발생 현황을 살펴보되, PM2.5의 일평균 농도가 $50\mu g/m^3$을 초과하는 날이 2일 이상 지속된 사례(비상저감조치 발령요건 적용)를 집계했다. 그 결과 2015년 5일, 2016년 7일, 2017년 16일로 매년 늘어나다가 2018년 11일로 줄었지만, 2019년에는 4월 말까지 16일이 발생해 다시 늘어났다.

게다가 서울의 초미세먼지(PM2.5) 농도 최고치는 같은 기간 동안 매년 경신됐다. 즉 2015년 $70\mu g/m^3$에서 2016년 $71\mu g/m^3$, 2017년 $95\mu g/m^3$, 2018년 $99\mu g/m^3$, 2019년 $135\mu g/m^3$로 매년 최고치가 높아졌다. 특히 2019년 1월 11~15일에 발생한 고농도 미세먼지(PM2.5)의 경우 19개

대기권역 가운데 7개 권역에서 최고 농도치가 경신됐다. 서울 135μg/m³를 비롯해 인천 107μg/m³, 경기 북부 131μg/m³, 경기 남부 129μg/m³, 대전 94μg/m³, 세종 111μg/m³, 충북 123μg/m³로 각각 기록됐다.

고농도 미세먼지 발생 현황(서울 기준)

구분	2015년	2016년	2017년	2018년	2019년
횟수	2회	3회	7회	4회	4회
일수	5일	7일	16일	11일	16일
농도 최고치	70μg/m³	71μg/m³	95μg/m³	99μg/m³	135μg/m³

자료: 환경부

계절에 따라 어떻게 다른가?

미세먼지 농도는 계절별로도 크게 차이가 난다. 우리나라는 계절별로 바람의 세기와 방향, 온도가 달라지는데, 이에 따라 미세먼지의 배출량과 외부 유입량 등이 변화하기 때문이다. 대체로 봄과 겨울의 미세먼지 농도가 여름과 가을보다 더 높게 나타난다. 실제로 서울시 대기환경정보를 활용해 1995년부터 2017년까지 23년간 서울의 미세먼지(PM10) 농도를 월별로 평균해 보면, 겨울과 봄에 해당하는 12월, 1~5월에는 미세먼지 농도가 62~75μg/m³로 비교적 높고, 여름과 가을에 해당하는 6~11월에는 37~58μg/m³로 낮게 나타난다. 또한 2018년 서울의 초미세먼지(PM2.5) 농도를 살펴보면, 여름(6, 7, 8월)에 월평균 17.8μg/m³, 가을(9, 10, 11월)에 월평균 17.4μg/m³로 낮았고, 겨울(12, 1, 2월)에 월평균 28.8μg/m³, 봄(3, 4, 5월)에 월평균 27.6μg/m³로 비교적 높았다.

그렇다면 왜 미세먼지 농도가 여름과 가을에 낮을까. 여름에는 북태평양 고기압이 강해서 우리나라에 오염물질이 섞이지 않은 남동풍이 많이 불고, 난방 수요가 없어 오염원 배출도 적다. 여름에 많이 내리는 비도 미세먼지를 비롯한 대기오염물질을 씻어낸다. 가을에도 미세먼지가 상대적으로 적은데, 이는 다른 계절에 비해 기압계의 흐름이 빠르고 공기 순환이 원활하기 때문이다. 가끔 가을에 오는 태풍도 오염도를 낮추는 데 기여한다.

반면 겨울에는 난방 연료 사용량이 늘고 공기 순환도 여름에 비해 원활하지 않기 때문에 오염도가 높아진다. 공기 순환을 방해하는 기온 역전 현상도 자주 발생하는데, 이런 현상은 초봄까지 나타난다. 봄에는 공기 순환이 잘 안 될 뿐만 아니라 황사 같은 자연 발생 오염물질의 영향도 받아 오염도가 높아지는 경향이 있다. 겨울과 봄에는 서풍이 불어 중국 쪽의 오염물질이 넘어와 오염도를 심화시키기도 한다. 특히 겨울에는 삼한사온(三寒四溫) 대신 삼한사미(三寒四微)라는 신조어가 등장할 정도로 미세먼지 오염이 심한 날이 많다. 과거에는 겨울에 시베리아 고기압이 강한 영향을 미칠 때 3일간 춥다가 세력이 약해지면 4일간 따뜻해졌는데, 요즘 겨울에는 따뜻해질 때면 미세먼지가 기승을 부린다는 뜻이다.

다만, 이런 계절적 특성과 다른 양상이 나타날 때도 있다. 예를 들어 여름철 폭염이 지속될 때 미세먼지 농도가 증가할 가능성이 매우 높다. 폭염 시에는 햇빛이 강하게 내리쬐므로 질소산화물, 휘발성 유기화합물 등 대기오염물질이 자외선을 만나 광화학 반응을 일으켜 오존이 발생하고, 이 오존이 관여해 초미세먼지가 생성된다. 여름철 폭염 시기에는 오존과 초미세먼지 둘 다 주의해야 한다.

더 큰 문제는 계절 중에서 미세먼지 농도가 비교적 낮다는 여름과 가을에도 절대적 수치로 보면 상당히 높다는 데 있다. 즉 우리나라의 모든 도시에서 여름과 가을의 PM2.5 농도가 연평균 기준값$^{(15 \mu g/m^3)}$을 훌쩍 넘어서고 있어 문제란 뜻이다. 예를 들어 2018년 서울의 PM2.5 농도는 여름과 가을에 17.6 $\mu g/m^3$를 기록했다.

 ## 기온 역전과 미세먼지

일반적으로 고도가 100m 상승할 때마다 대기 온도는 약 0.6℃씩 낮아진다. 그런데 이와 달리 고도가 높아질수록 기온이 올라가는 현상이 일어나기도 한다. 이를 '기온 역전'이라고 부른다. 기온 역전 현상은 일교차가 큰 계절이나 산간 분지 지역에서 자주 나타난다. 보통 공기는 온도가 높을수록 밀도가 낮아지므로 더운 공기는 위로, 찬 공기는 밑으로 이동하지만, 기온 역전이 발생하면 지표 가까이에 찬 공기가, 상층에 더운 공기가 위치해 안정한 상태를 이루므로 공기의 상하 이동이 나타나지 않는다. 그러면 주로 지상에서 형성되는 미세먼지 같은 대기오염물질은 지표 가까이에 머무르고, 계속 쌓이면서 농도가 높아진다.

3. 미세먼지는 국내산인가, 중국산인가?

우리나라의 미세먼지 오염이 심한 이유 가운데 정부나 언론에서 자주 거론하는 것이 바로 '중국 탓'이다. 하지만 많은 전문가들은 국내 요인도 무시하지 못한다고 입을 모은다. 과연 우리나라 미세먼지 오염은 '중국 탓'일까? 만일 그렇다면 '중국 탓'은 어느 정도일까?

국내 미세먼지의 자체 기여도는?

먼저 우리나라의 대기질 현황은 어떨까. 2016년 국립환경과학원과 미국항공우주국(NASA)이 다수의 전문가를 초청해 한미 대기질 합동 연구(KORUS-AQ)를 하기 위한 대규모 연구단을 꾸려 한국의 대기질에 대한 현장조사를 수행했다. 연구단은 그해 5월 1일부터 6월 10일까지 항공기, 지상 관측소, 선상에서 관측했다. 국내 광화학적 오염에 초점을 맞추고자, 외부(특히 중국)에서의 오염물질 이동이 가장 심한 3~4월을 피했다. 사실 5월과 6월 사이에는 지역 내 오염원에서 배출되는 물질이 햇빛에 의해 광화학 반응을 일으키면서 오존과 초미세먼지(PM2.5) 발생이 한반도에서 고점을 찍는다. 연구단은 오존과 PM2.5의 전구물질(오존과 2차 미세먼지를 생성하는 원인 물질)을 상세히 관측하고 다양한 오염원(운송, 발전, 산업)의 복잡한 화학작용과 영향을 심도 있게 분석하려고 했다.

한미 대기질 합동 연구단은 5월부터 6월 초까지 관측된 미세먼지 오염의 4분의 3 이상이 2차 생성에 의한 것이라고 밝혔다. 유기물이 가장 많았지만, 황산염과 질산염이 2차 생성된 미세먼지 전체 양의 거의 절반을 차지했다. 2차 미세먼지 생성에는 지역 내 오염원이 지배적인 기여를 한다는 사실을 확인했다. 예를 들어 질산염은 미세먼지 성분의 30~40%를 차지하고, 한반도의 북서쪽에서 10μg/m³를 넘어서는 질산염 농도가 제한적으로 나타났다. 수도권에서 운행되는 자동차와 서해안에 자리한 발전소에서 많은 질소산화물이 배출된다는 점을 고려한다면 미세먼지에서 질산염의 구성비가 높다는 사실을 이해할 수 있다. 또한 미세먼지에서 가장 많은 부분을 차지하는 유기성분이 국내에서 기원했다는 점도 알아냈다. 유기 미세먼지는 휘발성 유기화합물의 광분해 과정에서 형성되는데, 이 과정에서 함께 발생하는 포름알데히드와의 상관관계를 밝히다가 이 점을 확인했다.

서울 상공   서울 방이동   서울 하월곡동

1차 배출 미세먼지 : 검댕 + 유기물질
2차 생성 미세먼지 : 유기물질 + 질산염 + 황산염 + 암모늄

© 환경부

2017년 8월 출범한 '미세먼지 범부처 프로젝트 사업단'은 국내외 미세먼지 기여도를 규명하기 위해 노력해 왔다. 그중에서 국내 주요 배출원 및 배출지역 영향을 살펴봤다. 전국 17개 시도 지역을 대상으로 수치 모델링을 적용해 국내 지역 간 초미세먼지(PM2.5) 배출원-수용지 관계를 정량적으로 파악하고 주요 배출원에 대한 기여도를 분석했다. 분석 결과 국내 전체 PM2.5 농도에 대한 자체 기여도는 연평균 45%(14.5μg/m³) 수준으로 밝혀졌다. 지역에 따라서는 경북이 58%(19.8μg/m³)로 자체 기여도가 가장 높고 제주가 22%(3.9μg/m³)로 가장 낮았으며, 수도권의 자체 기여도는 42~44% 수준이었다. 월별로는 8월에 자체 기여도가 62%로 가장 높고 2월에 30%로 가장 낮게 나타났다.

고농도 미세먼지는 '중국 탓'?

'중국 탓'이란 논란은 특히 고농도 미세먼지 발생 시에 더 뜨거워진다. 베이징을 비롯한 중국의 주요 도시가 고농도 미세먼지에 휩싸이면 어김없이 며칠 뒤에 서울을 비롯한 우리나라 여러 지역에 고농도 미세먼지가 발생하는 경우가 많기 때문이다.

미세먼지 범부처 프로젝트 사업단은 고농도 미세먼지 생성원리, 국내외 미세먼지 기여도에 초점을 맞춰 연구해 왔다. 먼저 사업단은 고농도 초미세먼지(PM2.5) 발생에 대해 국내(서울)에 정체하는 유형, 중국 스모그가 장거리에서 유입되는 유형, 이 둘의 복합 유형(장거리 유입 + 국내 정체) 등 세 가지 가설을 세우고, 각 유형별로 PM2.5의 화학성분 특징을 분석했다. 구체적으로는 2012~2014년 서울 한국과학기술연구원(KIST)에서 측정한 PM2.5의 개별 성분 자료, 각 측정일별 72시간 역궤적(유입 경로)의 중국 및 수도권 영역 체류 시간에 대한 분석 결과를 바탕으로 세 가지 가설을 수립했으며, 열역학 모형을 활용해 각 가설별로 미세먼지 농도와 화학성분비(수분량 포함)를 산정하고 비교했다.

비교 분석 결과를 살펴보면 국내 정체 시, 장거리 유입 시 미세먼지 화학적 성분과 열역학적 특성이 서로 달랐다. 국내 정체 시에는 수분이 상대적으로 적고 유기성분이 풍부한 데 비해, 장거리 유입 시에는 수분과 무기이온 성분이 풍부한 것으로 나타났다(장거리 유입 시에 고농도 사례가 많았다). 또한 복합 사례(장거리 유입 + 국내 정체) 시에는 고농도 미세먼지의 발생 원인을 밝혔는데, 대기 조건을 모사한 챔버 실험을 통해 수도권에 질산염이 생성돼 증가하는 메커니즘을 제시했다. 즉 장거리에서 유입된 입자의 풍부한 수분이 국내 정체로 인해 증가한 질소산화물(NO₂)과 시너지 효과를 일으켜 질산염 성분을 증가시키는 것으로 드러났다.

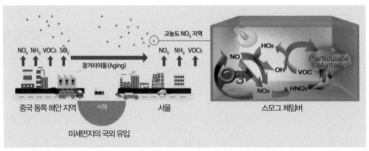

스모그 체임버를 활용한 미세먼지 장거리 이동 현상 규명 과정 모식도. © 미세먼지 범부처 프로젝트 사업단

특히 사업단은 국내 요인과 국외 유입 요인이 결합되어 미세먼지가 증폭되는 과정도 연구했다. 수도권 지역에서 고농도 초미세먼지(PM2.5)의

발생 사례를 들여다보면 대기 중에 질산암모늄(암모니아의 질산염)이 증가하는데, 연구진은 대기질 모사(수치모델링)를 수행해 질산암모늄이 국내에서 배출된 암모니아와 장거리를 이동한 질산의 상호작용으로 생성될 가능성을 제시했다. 수치모델에서는 암모니아가 지표면에서 고농도로 나타나며, 질산이 혼합고(지표면 근처 대기가 섞이는 높이로 수백 m~2000m) 이상에서 고농도로 나타났다. 질산은 국외(중국)에서 배출된 질소산화물이 전환되어 장거리를 이동한 것으로 보인다.

사업단은 또한 고농도 초미세먼지 발생 시 기상 특징도 밝혀냈다. 1999~2016년 서울시 대기오염물질 농도 변화에서 장기 변화나 계절 변화 성분을 제거한 뒤 고농도 미세먼지 사례(2013~2015년 5차례)의 특징적인 종관기상조건을 분석했다. 종관기상조건은 중위도 고기압과 저기압의 생성, 발달, 이동에 관련된 수천 km 규모의 기상조건을 말한다. 사업단은 6개 집중 측정소 관측자료 및 위성자료 분석, 대기질 모사, 유적선 분석(공기덩어리나 기단의 이동 경로를 분석해 공기에 포함된 화학물질의 발원지를 추정하는 것)을 통해 고농도 미세먼지 발생 시 이동성 고기압에 의한 장거리 유입과 국내 정체가 복합적으로 영향을 미치는 과정을 알아냈다. 즉 중국에서 이동성 고기압이 발달할 때 대기 정체와 오염물질 축적으로 고농도 미세먼지가 발생하는데, 난류에 의해 오염물질이 공중으로 상승하면 편서풍에 따라 고기압과 함께 이동해 한반도 상층부로 유입된다. 우리나라에 이동성 고기압이 도달하면 대기 정체가 나타나고 난류에 의해 상층의 중국발 오염물질이 지표면으로 하강하며, 국내 배출 오염물질과 혼합돼 미세먼지의 생성(2차 생성), 성장, 축적이 활발히 일어나는 것으로 추정된다.

국외 영향은 어느 정도인가?

2019년 11월 20일 국립환경과학원은 한·중·일이 함께 추진한 '동북아 장거리 이동 대기오염물질 국제공동연구(LTP)'에 대한 요약 보고서를 처음으로 발간했다. 3국의 과학자들은 2000년부터 황산화물, 질소산화물 등 대기오염물질을 연구했으며 2013~2017년에는 초미세먼지(PM2.5)에 대한 연구까지 추가로 진행했다. 이 보고서에는 한·중·일 연구진이 각국 주요 도시(우리나라의 경우 서울, 대전, 부산 3곳)에서 초미세먼지를 측정하고 대기질 모델 기법으로 분석해 산출한 도시별 기여율을 산술 평균한 수치를 담았다.

2019년 LTP 보고서 발간 브리핑을 하고 있는 장윤석 전 국립환경과학원 원장. © 환경부

2017년 초미세먼지에 대한 3개국 주요 도시의 국내외 영향을 분석한 결과, 자체 기여율은 연평균 기준으로 한국 51%, 중국 91%, 일본 55%로 나타났다. 특히 2017년 우리나라의 연평균 초미세먼지 기여율을

살펴보면, 자체가 51%, 중국이 32%, 일본이 2%로 밝혀졌고, 나머지 15%는 몽골, 러시아, 북한 등의 기여율로 추정된다. 즉 2017년 연평균으로 따져볼 때 중국 배출원이 우리나라 초미세먼지에 미치는 영향(기여율)이 32%였다는 뜻이다.

하지만 한·중·일 3국의 공동연구 보고서에는 연평균 수치만 담겨 고농도 시기의 상황은 파악하기 힘들다. 국내 분석 결과를 토대로 추정하면, 고농도 시기의 국외 기여율은 이보다 높아질 것으로 보인다. 환경부가 발간한 『2018 환경백서』에 다르면, 우리나라의 미세먼지는 평상시 30~50%, 고농도 시 60~80% 정도가 국외에서 유래한 것으로 분석된다. 서울특별시 역시 「초미세먼지 배출원 인벤토리 구축 및 상세 모니터링 연구」 보고서를 통해 2015~2016년 기준으로 미세먼지의 국외 영향이 약 54%에 이른다고 밝히고 있다. 실제로 국립환경과학원은 고농도 시기였던 2019년 1월 11~15일 전국 미세먼지 국내·외 기여도가 각각 18~31%, 69~82%인 것으로 분석한 바 있다.

4. 정부의 미세먼지 관리 대책

　미세먼지 현황에 대한 우려가 커지면서 정부 차원에서 미세먼지 관리 대책을 여러 가지 내놓고 있다. 미세먼지가 심각한 상황을 사회재난에 포함하는 것은 물론이고, 미세먼지 주의보·경보 기준을 강화하는 것을 비롯해 미세먼지 비상저감 조치, 미세먼지 계절별관리제 등을 실시하며 정책적으로 노력하고 있다. 구체적으로 살펴보자.

미세먼지 심하면 재난사태 선포한다

　대형 산불, 대규모 수질오염, 감염병, 건축물이나 댐 붕괴, 항공기사고, 화생방사고 등으로 발생하는 피해를 사회재난이라고 한다. 법률적으로는 화재, 붕괴, 폭발, 교통사고, 화생방사고, 환경오염사고 등으로 인해 발생하는, 대통령령으로 정하는 규모 이상의 피해, 에너지, 통신, 교통, 금융, 의료, 수도 등 국가 기반 체계의 마비, '감염병의 예방 및 관리에 관한 법률'에 따른 감염병 또는 '가축전염병예방법'에 따른 가축전염병의 확산 등으로 인한 피해를 사회재난으로 분류한다. 이런 사회재난에 미세먼지로 인한 피해가 포함됐다.

2019년 3월 13일 국회에서 '재난 및 안전관리기본법 개정안'을 통과시키면서 이 개정안에 포함된 사회재난의 정의에 미세먼지로 인한 피해를 명시적으로 규정했다. 이에 따라 고농도 미세먼지가 발생할 때 재난사태를 선포하며 마스크와 같은 구호물품을 지급하고 특별재난 지역도 선포할 수 있게 됐다.

이날 '재난 및 안전관리기본법 개정안'를 비롯한 총 8개의 미세먼지 대책 법안이 통과됐다. 여기에는 '대기환경보전법 개정안', '대기관리 권역의 대기환경 개선에 관한 특별법', '미세먼지 저감 및 관리에 관한 특별법 개정안', '학교보건법 개정안', '실내공기질 관리법 개정안'. 'LPG 안전관리 및 사업법 개정안', '항만지역 등 대기질 개선에 관한 특별법안'이 포함됐다.

이로써 수도권 등에 한정된 대기관리 권역이 전국으로 확대되고, 국가 미세먼지 정보센터 설치 규정이 강행 규정으로 바뀌었다. 의무적으로 유치원, 초중고 교실 등 교육시설과 다중이용시설에 미세먼지 측정기와 공기정화 설비를 설치하고 경유차에 배출가스 저감장치를 부착해야 했다. 이전까지 택시 같은 일부 차종, 국가유공자, 장애인 등 일부 사용자에게만 허용됐던 LPG 차량은 일반인도 이용할 수 있게 됐다.

비상저감 조치 발령 3가지 요건은?

고농도 미세먼지가 예상될 경우 어김없이 재난안전문자가 온다. 이를 통해 해당 지역에 미세먼지 비상저감 조치가 발령됐다는 사실을 확인할 수 있다. 미세먼지 비상저감 조치는 미세먼지 농도가 상당히 높아질 것으로 예측될 때 단기간에 미세먼지를 줄이기 위한 정책적인 조치를 말한다. 대기질을 개선하고 국민건강을 보호하기 위한 노력이다. 예를 들어 자동차 운행 제한, 사업장 및 공사장 조업 단축 등의 조치를 취한다.

미세먼지 비상저감 조치는 한때 지방자치단체별로 지역 여건에 맞춰 발령기준이 달랐지만, '미세먼지 저감 및 관리에 관한 특별법'이 시행된 2019년 2월 15일 이후에는 발령기준을 통일했다. 특별법에서는 3가지 발령요건을 제시했는데, 이 중에서 1개 이상의 요건을 충족하면 미세먼지 비상저감 조치가 발령된다. 이 조치는 다음 날 오전 6시부터 오후 9시까지 시행된다.

구체적으로 어떤 경우에 발령될까. 먼저 초미세먼지(PM2.5) 농도가 당일 새벽 0시부터 오후 4시까지 평균 $50\mu g/m^3$을 초과하고 다음 날 24시간 평균 $50\mu g/m^3$을 초과할 것으로 예측되는 경우다. 둘째 해당 시도 권역에 당일 새벽 0시부터 오후 4시까지 미세먼지 주의보·경보가 발령되고 다음 날 PM2.5 농도가 24시간 평균 $50\mu g/m^3$을 넘어설 것으로 예측될 때이다. 끝으로 다음 날 PM2.5 농도가 24시간 평균 $75\mu g/m^3$을 초과할 것(매우 나쁨)으로 예측되는 경우다.

또한 비상저감 조치 시

행 전날에는 예비 조치도 발령하고 있다. 당일 오후 5시 예보 기준으로 모레 PM2.5가 매우 나쁨(24시간 평균 농도 75μg/m³ 초과)으로 예상되거나, 내일, 모레 모두 PM2.5의 농도가 50μg/m³을 초과할 것으로 예보될 때 시행된다. 아울러 특별하게 환경부 장관이 요청하거나 2개 이상의 광역권 지방자치단체가 협의하는 경우 광역 비상저감 조치를 발령할 수 있다.

비상저감 조치의 효과는?

미세먼지 비상저감 조치의 효과를 높이려면 공공 부문은 물론이고 민간 부문이 동참해야 한다. 지방자치단체는 해당 주민들에게 긴급재난 문자를 발송하고 홈페이지에 게재하고 전광판에 표시해 신속하게 정보를 알리고 있다. 필요하면 자막방송 송출, 브리핑 및 언론 보도자료 배포도 하고 있다.

비상저감 조치는 발령되면 구체적으로 어떻게 해야 할까. 행정·공공 기관을 중심으로 차량 2부제를 실시하고, 공공 사업장·공사장의 운영시간을 단축하거나 조정한다. 민간 부문에서는 차량 2부제에 자율적으로 참여하되, 미세먼지를 많이 배출하는 5등급 차량은 운행하지 못한다. 석유 정제 같은 대기 배출 사업장, 비산먼지 발생사업 중 건설 공사장 등에서는 운영시간을 조정한다. 배출가스 5등급 차량의 경우 운행 제한을 위반하면 과태료가 부과된다.

어떤 차량이 배출가스 5등급 차량일까. 경유차는 2005년 이전의 제작기준(제작차 배출허용기준)을 적용한 차량이 5등급에 해당하는데, 차량에 매연저감장치 같은 배출가스저감장치가 부착되지 않았다. 휘발유차와

가스차 중에서는 1987년 이전의 제작기준을 적용한 차량이 삼원촉매장치 같은 배출가스저감장치가 부착되지 않아 5등급에 속한다. 이런 노후 차량은 현재 출시되는 차량보다 오염물질을 더 많이 배출해 골칫거리다. 노후 경유차는 신차보다 3~11배, 노후 휘발유차는 68배 더 많이 오염물질을 내놓기 때문이다.

비상저감 조치의 효과는 어느 정도일까. 수도권에 비상저감 조치에 따라 나타나는 배출량 저감효과를 분석해 보면, 공공 부문에서 초미세먼지(PM2.5) 배출량을 평균 2.3톤(1.5~3.5톤) 감축한 것으로 추정된다. 이는 PM2.5 하루 배출량인 147톤의 1.5%(1.0~2.4%)에 해당하는 수치다. 세부적으로는 차량 2부제에 따라 1.61톤을 감축했으며, 대기배출사업장에서 0.34톤, 건설공사장에서 0.29톤을 각각 감축했다. 차량 2부제에 따른 배출량 저감효과가 가장 큰 것으로 나타났다. 사실 차량 2부제보다 배출가스 5등급 차량의 운행 규제가 더 효과적이다. 차량 등급제는 차량 2부제에 비해 운행제한 대상은 5분의 1 정도지만 미세먼지 저감효과는 3배나 더 크기 때문이다. 또한 '미세먼지 저감 및 관리에 관한 특별법'에 따라 전국적으로 비상저감 조치가 시행된다면 하루 최대 104.8톤(전체 배출량의 11.8%)의 미세먼지 감축 효과가 나타날 것으로 예측한 바 있다.

미세먼지 관리 종합대책 및 강화대책

미세먼지를 줄이기 위해 정부가 마련한 대책은 어떤 것이 있을까. 2017년 9월 정부는 '미세먼지 관리 종합대책'을 수립했다. 종합대책을 세울 때는 미세먼지 배출량과 국내외 기여도를 분석한 뒤 국내 미세먼지의 30%를 감축하고자 부문별 감축 목표와 정책수단을 마련했다. 2014년 전국 기준으로 국내 초미세먼지(PM2.5) 배출 기여도는 사업장 38%, 건설기계·선박 16%, 발전소 15% 순으로 나타났고, 수도권 기준으로는 경유차의 PM2.5 배출 기여도가 23%로 가장 많았다.

이어 2018년 11월에는 '비상·상시 미세먼지 관리 강화대책'을 마련했다. 강화대책에는 고농도 미세먼지가 발생할 때 부문별 조치와 대응 강화방안을 담은 바 있다. 국내 배출량을 감축하는 데는 석탄화력발전 가동 중지 및 상한 제약, 사업장 미세먼지 총량제 확대 등 새로운 대책을 도입했다. 평상시 감축 대책과 함께 고농도 미세먼지 발생 시 비상저감 조치, 석탄화력발전 가동률의 상한 제약 같은 긴급조치를 취하고 있다.

산업, 발전, 수송, 생활 부문별로 미세먼지 감축 대책을 살펴보면 다음과 같다. 먼저 산업 부문에서는 시멘트, 제철·제강, 석유 정제 등과 관련된 사업장처럼 다량으로 미세먼지를 배출하는 곳의 배출허용기준을 강화하고, 사업장에서 배출되는 미세먼지 원인물질인 질소산화물(NOx)에 대기배출 부과금을 도입했으며, 영세사업장에 노후 방지시설 개선비용의 80%를 지원할 계획도 세운 바 있다. 발전 부문의 경우 노후 석탄발전소 5기를 봄철에 가동을 중단하는 한편, 발전소 배출허용기준을 2배로 강화했으며, 환경오염 비용을 반영해 발전용 에너지 세율을 조정하기도 했다. 구체적으로 유연탄과 액화천연가스(LNG)의 부과세율은 기존에 각각 1kg당 36원과 91.4원이었는데, 이를 각각 1kg당 46원과 23원으로 변경했다. 유연탄의 부과세율을 높이고 LNG의 부과세율을 낮추면서 유연탄과 LNG의 부과세율을 기존의 1 : 2.5에서 2 : 1로 뒤바꾼 셈이다.

수송 부문에서는 2018년 노후 경유차 12만 대를 조기에 폐차하고, 전기차와 수소차의 보급을 대폭 확대하는 한편, 이후 경유차에서 발생하는 미세먼지를 감축하기 위한 로드맵도 마련했다. 생활 부문의 경우 볏짚, 고춧대, 콩대, 깻대 같은 영농부산물이 많이 생기는 시기인 겨울·봄에 불법소각을 집중적으로 단속하고, 가정용 질소산화물 저감 보일러의 지원을 확대했다. 가정에 보급된 질소산화물 저감 보일러는 2018년 1만 2000대(수도권)에서 2019년 3만 대(전국)로 늘어났다.

2019년 11월에는 미세먼지 계절관리제를 도입했다. 이는 미세먼지 농도가 높은 12월 1일부터 이듬해 3월 31일까지 4개월 동안 시행하는 제도를 말한다. 이 시기에 행정·공공기관 차량 2부제, 5등급 차량 상시 운행제한, 대기오염물질 배출사업장 및 공사장 전수점검, 미세먼지 집중관리구역 지정·관리 등이 실시된다. 서울에서는 추가로 배출가스 5등급 차량이 녹색 교통 지역, 즉 옛 서울 한양도성 내부인 '사대문 안'으로 진입하는 것을 금지하는데, 이를 위반하면 10만 원의 과태료를 물린다. 2020년 11월에는 2020년 12월부터 2021년 3월까지 수도권 전역에서 5등급 차량의 운행을 제한하는 내용을 담은 '미세먼지 계절관리제 2차 시행계획'을 발표하기도 했다.

또한 2019년 2월에 시행된 '미세먼지 특별법'에는 미세먼지로부터 국민 건강을 보호하고자 컨트롤타워 등 전담조직을 강화하고 범정부대책을 수립한다는 내용이 담겨 있다. 특히 정부가 5년마다 미세먼지 관리 종합계획을 수립하고 시도에서 종합계획 세부 시행계획을 수립하게 돼 있다. 예를 들어 '미세먼지 계절관리제'는 2021년 12월부터 2022년 3월까지 3차 시행계획을, 2022년 12월부터 2023년 3월까지 4차 시행계획을 수립해 운영한 바 있다.

미세먼지 저감 및 관리에 관한 특별법 개요. © 환경부

꼭꼭 씹어 생각 정리하기

1. 언론이나 관련 전문가들은 미세먼지 발생의 주범이 자동차인지,
   화력발전소인지를 두고 의견이 나눠집니다. 미세먼지 발생 주범은
   무엇인지 설명해 봅시다.

   _____

   _____

2. 환경부는 한때 고등어나 삼겹살을 구우면 다량의 미세먼지가
   발생한다고 주장해 논란을 일으켰습니다. 이 주장의 문제점을
   살펴보고, 일반 국민에서 전할 올바른 메시지를 정리해 봅시다.

   _____

   _____

3. 우리나라 미세먼지 오염도가 사상 최악 이라는 일부 언론 보도 때문
   인지 많은 사람이 요즘 미세먼지로 인한 대기질이 가장 안 좋다고
   생각합니다. 우리나라 미세먼지 오염의 추이를 알아보고, 이 같은
   생각이 오해라는 내용의 글을 작성해 봅시다.

   _____

   _____

4. 미세먼지 농도는 계절별로 크게 다른데, 구체적으로 어떻게 다른지
   자세히 설명해 봅시다. 또 이와 관련해 삼한사미(三寒四微)라는
   신조어에 대해서도 함께 설명해 봅시다.

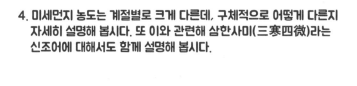

_____

_____

5. 언론에서는 우리나라의 미세먼지 오염이 심한 이유가 중국 탓이라고
   자주 거론합니다. 우리나라 미세먼지 오염이 중국 탓인지 알아보고,
   중국발 미세먼지 프레임에 대해 논의하는 글을 작성해 봅시다.

_____

_____

6. 미세먼지 현황에 대한 국민의 염려가 커지면서 정부에서 미세먼지
   관리 대책을 여러 가지 내놓았습니다. 구체적으로 어떤 대책을
   내놓았는지 알아보고, 어떤 대책이 가장 효과적일지에 대한 자신의
   의견을 제시해 봅시다.

_____

_____

4부

미세먼지
예보와 정보

1. 미세먼지 예보

언제부턴가 매일 일기예보를 확인하듯이 미세먼지 예보를 찾아본다. 많은 이들이 대기 중 미세먼지 농도가 어떻게 바뀌는지 관심을 두고 있기 때문이다. 미세먼지 예보를 개괄적으로 알아보자.

미세먼지 예보는 언제부터 시작됐나?

미세먼지에 대한 국민의 관심이 높아지면서 예보 서비스 확대 요구도 함께 증가했다. 초기 대기질 예보는 2013년 8월부터 수도권을 대상으로 1일 1회(17시) 미세먼지(PM10)의 오늘과 내일 시범 예보로 시작됐다. 이후 국민의 요구에 따라 대상 지역, 대상 물질, 예보 주기, 예보 기간 등에서 예보 서비스가 확대됐다.

본격적으로 2014년 2월 6일부터 미세먼지(PM10) 예보가 시작됐고, 이듬해 1월 1일부터는 초미세먼지(PM2.5) 예보도 함께하고 있다. 예보 권역은 2013년 6개, 2014년 10개, 2016년 19개(광역시도 이상 권역)로 점차 세분화됐다. 19개 권역은 수도권 4개 권역(서울, 인천, 경기 북부, 경기 남부), 강원권 2개 권역(영서, 영동), 충청권 4개 권역(대전, 충북, 충남, 세종), 호남권 3개 권역(광주, 전북, 전남), 영남권 5개 권역(부산, 대구, 울산, 경북, 경남), 제주권 1개 권역(제주)을 포함한다.

예보 주기는 2014년 2월 시작할 때는 1일 2회(11시, 17시)를 하다가 그해 11월부터 1일 4회(5시, 11시, 17시, 23시)로 늘렸다. 예보 기간은 2일(오늘과 내일) 예보로 시작했다가 2016년부터 3일(모레) 예보를 시작했다. 3일 예보는 2016년 4월 전국 대상 개괄예보로 출발했고, 2017년 11월부터 등급예보로 전환됐다. 7일(주간) 예보는 2019년 11월 시범적으로 실시했다가 2020년 6월부터 본격적으로 시작했다. 예보 등급은 2013년 8월 시범 예보 시 5단계로 시작했다가 2014년 11월 이후 '약간 나쁨' 단계를 삭제해 4단계로 구분하고 있으며, 2018년 3월부터는 초미세먼지 예보 등급 중 '나쁨' 단계의 시작 기준 농도를 $51\mu g/m^3$에서 $36\mu g/m^3$으로 강화했다.

현재 환경부 국립환경과학원에서 전국을 19개 권역으로 나눠 미세먼지와 초미세먼지 농도에 대한 예보를 하루 4회에 걸쳐 제공하고 있으며 예보 기간은 오늘, 내일, 모레, 그리고 주간이다. 오늘·내일 예보는 5시, 11시에, 내일·모레 예보는 17시, 23시에 각각 하고 있다. 주간 예보의 경우 초미세먼지를 대상으로 예보하고 있다.

정기예보, 정책예보, 재난예보

대기질 예보는 대기오염물질로부터 인체 노출을 줄여 건강 위해도를 낮추는 '위험 회피 목적'을 지니고 있다. '대기환경보전법 제7조의2(2013. 4.

16.)', '미세먼지법 제18조(2019. 2. 15.)', '재난안전법 제3조(2019. 3. 26.)'에 따라 정기예보, 정책예보, 재난예보로 제공되고 있다. 정기예보는 19개 권역에 대해 오늘, 내일, 모레 일 평균 예보등급과 원인 분석을 전달하되, 1일 4회(5시, 11시, 17시, 23시) 제공되는 예보를 뜻한다. 정책예보의 경우 미세먼지 비상저감조치 운영(17개 시도)에 필요한 예보 정보와 화력발전 상한제약 운영에 필요한 정보를 1일 1회 제공한다. 재난예보는 황사 또는 고농도 미세먼지가 발생할 것으로 예상될 때 예측 정보를 지원하고 있다.

특히 미세먼지 예보는 현재 국립환경과학원 기후대기연구부의 대기질통합예보센터에서 수행하고 있다. 예보관이 관측과 대기질 모델 결과를 검토하고 지식과 경험을 바탕으로 예보등급을 결정해 발표한다. 구체적으로 관측(감시), 모델(예측 모델링), 예측(예보 등급 결정), 전달(전파)의 4단계로 이루어진다. 먼저 관측 단계에서는 기상과 대기질의 변화를 감시하고 추세를 파악한다. 전국에 설치된 측정망에서 실시간으로 얻은 미세

23년 12월에 선보인 에어코리아 위젯으로 실시간 대기정보 확인이 가능하다. © 한국환경공단

먼지 및 황사 농도, 기상청 슈퍼컴퓨터에서 산출한 기상예보 결과 등 다양한 자료를 분석한다. 그다음 예측 모델링 단계에서는 수치 모델을 활용해 다양한 기상 조건에서 오염물질 배출량을 대기오염 농도로 바꾼다. 이어 예측 단계에서는 관측 자료와 수치 모델 결과를 살펴보고 예보관의 지식과 경험을 바탕으로 예보등급을 결정한 뒤, 전파 단계에서는 미세먼지 예보결과를 '환경부 에어코리아(www.airkorea.or.kr)'와 '기상청 날씨누리(www.weather.go.kr)'에 함께 게재해 알린다.

예보등급을 4단계로 나눈 이유

미세먼지 예보결과는 에어코리아 홈페이지, 모바일 앱 '우리동네 대기정보'에서 쉽게 확인할 수 있다(물론 대기질 예보 문자메시지 서비스나 콜센터 131을 통해서도 알 수 있다). 만일 우리나라 지도가 온통 주황이나 빨강으로 뒤덮인다면, 미세먼지가 심각한 상황임을 깨닫게 된다. 미세먼지 오염도를 나타내는 4단계는 '좋음, 보통, 나쁨, 매우 나쁨'으로 나뉘는데, 각각 파랑, 초록, 주황, 빨강이란 색으로 표현된다. 미세먼지 예보등급도 이 같은 4단계로 구분된다.

왜 미세먼지 예보등급을 4단계로 설정했을까. 환경부에 따르면 WHO 권고치, 국외 사례, 국내 대기질 상황, 전문가 의견 등을 반영하고 인체 위해성을 바탕으로 해서 미세먼지 예보등급을 설정했다. 또한 일반 국민의 건강을 지키고 어린이, 노약자 같은 미세먼지 취약 계층의 피해를 줄이기 위해 2018년에 미세먼지 예보기준을 강화했다.

2018년부터 강화한 미세먼지(PM10) 예보등급의 설정 근거를 좀 더 자세히 살펴보자. 먼저 PM10의 일평균 농도가 0~80μg/m³로 예상될 때 좋음에서 보통으로 설정했는데, 이는 일반인뿐만 아니라 민감군에게도 영향을 주지 않는 수준이다. 독일이 안전과 보통 단계의 경계에 해당하는 일평균 농도를 35μg/m³로, 프랑스가 매우 낮음과 낮음 단계의 경계를 25μg/m³로 삼았다는 점을 참고한 설정이다. 일평균 농도가 81~150μg/m³로 예측될 때는 나쁨으로 정했으며, 이 단계에서는 심혈관질환이 4.7%, 만성 폐쇄성 폐질환이 9.4%, 천식이 2.4% 증가한다고 알려져 있다. 영국이 보통과 높음 단계의 경계에 해당하는 일평균 농도를 76μg/m³로, 프랑스가 보통과 높음 단계의 경계를 90μg/m³로 정한 것을 감안했다. 일평균 농도가 151μg/m³ 이상으로 예상될 때는 매우 나쁨으로 설정했는데, 이 단계에서는 WHO 2005년 가이드라인을 고려할 때 일 사망률이 5% 증가하는 것으로 추정된다. 미국이 민감군에 영향을 주는 일평균 농도를 155μg/m³로, 중국이 환경기준을 150μg/m³로 설정했음을 생각한 것이다.

우리나라 미세먼지 예보는 미세먼지(PM10)와 초미세먼지(PM2.5) 모두 고려해 발표하고 있다. 만약 PM10과 PM2.5의 예보등급이 다르다면 높은 등급을 기준으로 삼는다.

미세먼지 예보등급

미세먼지 예보등급 / 미세먼지 일평균 예측농도	좋음	보통	나쁨	매우 나쁨
미세먼지(PM10)	0~30μg/m³	31~80μg/m³	81~150μg/m³	151μg/m³ 이상
초미세먼지(PM2.5)	0~15μg/m³	16~35μg/m³	36~75μg/m³	76μg/m³ 이상

2. 미세먼지 예보는 어떻게?

내일 미세먼지 상태가 나쁨이나 매우 나쁨으로 예보되면, 얼마나 안 좋을지 걱정되는 한편 정말 예보가 맞을지 의구심도 든다. 미세먼지 예보는 4단계를 거친다고 하는데, 구체적으로 어떻게 하는지 알아보자.

미세먼지 관측에 각종 측정망, 라이다, 위성까지 활용

미세먼지 예보는 관측, 모델, 예측, 전달 4단계로 이뤄지는데, 관측 단계부터 중요하다. 관측 단계에서는 환경부와 지방자치단체가 운영하는 측정망, 라이다(LIDAR) 장비, 인공위성을 활용한다. 먼저 대기환경측정망은 2022년 12월 말 기준으로 전국에 919개소가 있는데, 환경부에서 266개를 설치했으며, 지자체가 653개를 설치해 운영하고 있다. 실시간 대기질을 감시하는 측정망은 일반대기측정망, 특수대기측정망, 대기오염집중측정망으로 나눌 수 있다.

일반대기측정망은 도심(거주)지역의 평균 대기질 농도를 측정하는 도시대기측정망, 도시를 둘러싼 교회 지역의 배경 농도를 측정하는 교외대기측정망, 국가의 배경 농도를 파악하고 외국으로부터의 오염물질 유입·유출상태 등을 파악하는 국가배경농도측정망, 자동차 통행량과 유동인구가 많은 도로변 대기 농도를 측정하는 도로변대기측정망, 항만 지역 등의 대기질 현황 및 변화에 대한 실태를 조사하는 항만측정망으로 구성된다. 각 측정망은 공통으로 미세먼지, 초미세먼지뿐만 아니라 오존, 이산화황, 일산화탄소, 이산화질소도 측정한다. 2022년 12월 말 기준으로 전국에는 도시대기측정망 521개소, 교외대기측정망 27개소, 국가배경농도측정망 46개소(도서 11개소, 선박 35개소), 도로변대기측정망 56개소, 항만측정망 23개소가 각각 설치돼 운영되고 있다.

특수대기측정망은 인체 위해성이 높은 대기오염물질을 중심으로 측정한다. 구체적으로 살펴보면, 도시지역 또는 산업단지 인근 지역의 중금속 오염을 조사하는 대기중금속측정망, 특정 유해대기물질(휘발성유기화합물 16종, 다환방향족탄화수소 16종)을 측정하는 유해대기물질측정망, 눈·비에 의한 산성 피해를 관찰하는 산성강하물측정망, 오존예보를 위한 기초자료로 쓰이는 광화학대기오염물질측정망, 지구온난화물질과 오존층파괴물질의 농도를 파악하는 지구대기측정망, 그리고 초미세먼지의 농도와 성분을 조사해 미세먼지 배출원을 찾는 PM2.5 성분측정망이 있다. 특수대기측정망 중에서는 PM2.5 성분측정망이 미세먼지 예보에 도움이 될 수 있다. 2022년 12월 말 기준으로 전국에는 대기중금속측정망 76개소, 유해대기물질측정망 57개소, 산성강하물측정망 18개소, 광화학대기오염물질측정망 18개소, PM2.5 성분측정망 42개소가 각각 설치돼 있다.

대기오염집중측정망은 백령도, 수도권, 경기권, 강원권, 충청권, 중부권, 전북권, 호남권, 영남권, 제주도에 각각 설치된 대기환경연구소(옛 대기오염집중측정소) 총 10개로 이뤄진다. 권역별로 미세먼지, 초미세먼지를 비롯해 오존, 이산화황, 일산화탄소, 이산화질소 등을 측정하며 대기질을 상시 측정할 뿐만 아니라 황사 발생 시 집중 관측, 고농도 사례 분석 등도 하고 있다. 또한 2014년 7월 한중 실시간 측정자료 공유 양해각서를 체결한 뒤부터 중국으로부터 미세먼지와 관련된 측정자료를 받고 있다. 즉 중국 35개소의 측정자료를 받아 미세먼지 예보에 활용하고 있다.

　다음으로 라이다(LIDAR)라는 원격탐사장비를 이용한 관측 방법이 동원된다. 라이다는 레이저를 광원으로 사용해 관측지로부터 일정 고도 이상에 존재하는 에어로졸의 수직 분포를 측정한다. 기상청, 국립환경과학원, 서울시 보건환경연구원 등 9개 기관이 함께 '한반도 에어로졸 라이다 관측 네트워크(KALION)'를 구축해 자료를 제공한다. 서울 광진구와 관악구, 안면도, 대전 서구, 울산 울주, 제주 고산의 6개 지점에서 상시 관측을 하고, 백령도, 강릉, 대전, 울산, 광주 등에서 특정 시기에 집중 관측을 한다.

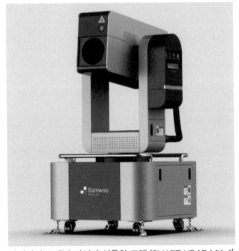

미세먼지 스캐닝 라이다 상용화 모델 'SMART LIDAR MK-Ⅱ'. © 서울대학교

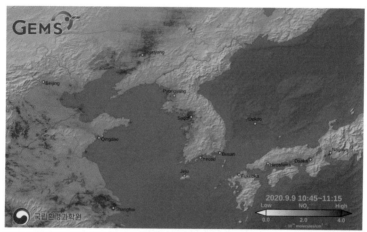

2020년 천리안위성 2B호가 촬영해 공개한 동북아시아 대기질 관측 자료. © 한국항공우주연구원

끝으로 위성을 활용해 입체적 감시를 하며 장거리 이동 모니터링을 수행하고 있다. 우리나라 천리안위성(COMS), 일본의 히마와리 8호 등을 이용한다. 천리안위성의 정지궤도 해색 탑재체(GOCI)와 기상 탑재체(MI)나 히마와리 8호의 고등탑재체(AHI)로 관측한 에어로졸 광학두께(AOD) 등을 활용한다. 에어로졸 광학두께는 대기 중 에어로졸에 의해 생긴 빛의 대기투과율 변화(산란, 흡수)를 정량적으로 나타낸 값인데, 이 값이 클수록 에어로졸의 농도가 높다. 또 2020년 2월 발사된 정지궤도 환경위성 '천리안위성 2B호'에 실린 환경탑재체(GEMS)도 활용되고 있다. 이 탑재체로 미세먼지 농도와 관련된 에어로졸 광학두께, 이산화질소, 이산화황, 오존 등을 관측하고 있다.

정지궤도에 자리한 환경위성은 지구를 한 바퀴 도는 궤도 주기가 지구의 자전주기와 같아 지구에서 바라볼 때 항상 동일한 위치(예를 들어 한반

도 상공)에 머문다. 이 때문에 대기오염물질의 농도와 장거리 이동 현황을 실시간으로 살펴볼 수 있다. 위성을 이용하면 산악, 바다처럼 측정소를 설치하기 어려운 지점에 대한 관측도 가능하다.

수치예보 모델링 시스템

미세먼지를 포함한 국가 대기질을 예보하기 위해 수치예보 모델링 시스템을 활용하는데, 이 시스템은 기상 모델, 배출량 모델, 대기질 모델이란 3가지 모델로 구성된다. 기상 모델(WRF)은 대기질 모델링에 필요한 각종 기상자료를 산출한다. 즉 기온, 기압, 풍향, 풍속, 복사량, 구름양 등에 관한 자료다. 배출량 모델(SMOKE)은 시군구의 국내외 배출량 자료를 격자별, 시간별 배출량으로 할당하고 대기오염물질을 화학종별로 분배한다. 이를 자연 배출량 모델(MEGAN)로 계산된 자연 배출량과 합산해 최종 배출량을 산정한다. 국내외 배출량 자료에는 국내 대기오염물질 배출목록에 근거한 배출정보 종합시스템인 대기정책지원시스템(CAPSS) 자료, 한미 대기질 합동연구(KORUS-AQ) 자료 등이 포함된다.

특히 대기질 모델은 주어진 지역의 대기질을 예측·평가·연구하기 위해 고안된 일련의 수학방정식으로 표현되는데, 보통 대기오염물질의 배출, 확산, 화학반응 등을 고려한 항목으로 구성되고 시간에 따른 대기오염물질의 변화량을 나타낸다. 즉 대기질 모델은 대상 지역을 격자로 자른 뒤 각 격자에서의 대기오염물질 배출량과 기상모델의 결과를 이용해 미세먼지가 반응에 따라 생성되는 정도와 바람에 의해 확산되는 정도를 계산하는 모델이다. 국립환경과학원은 EPA에서 2000년에 개발한 3차원 대기질 모델(CMAQ)을 우리나라에 맞게 수정한 버전 CMAQ v4.6을 현업 모델로 삼아 대기질 예보에 활용하고 있다.

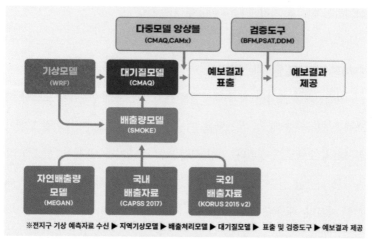

대기질 수치예보 시스템 개요. © KIST 청정대기센터

대기질 예보의 대상 영역은 대기질 모델의 시뮬레이션 영역으로 동북아, 한반도, 수도권의 3개 영역이다. 각 영역은 27km, 9km, 3km의 공간 해상도를 보여주며, 그 중심점은 모두 서울(37.5°N, 127°E)로 동일하다. 하지만 단일 모델이 예보 판단의 근간이 될 때 불확실도가 발생할 수 있는데, 이런 불확실도를 줄이고자 현업 모델 외에도 다중 모델 앙상블 결과도 이용한다. 이는 예보관의 의사 결정에 도움을 주려는 의도다. 다시 말해 현업 모델 외에 다른 대기질모델(CAMx)이나 모델 버전, 기상장, 배출량 자료 등을 변경해 시뮬레이션 자료를 생산한다는 뜻이다. 예보 결과를 바탕으로 국내외 오염물질의 기여도도 분석한다. 대기질 모델링을 이용한 기여도 분석 방법은 부르트 포스 방법(BFM), 피샛(PSAT),

DDM(Decoupled Direct Method) 등이 있으며, 주요 오염원 및 지역별 기여도
를 산정한다.

예보등급 확정하기 위한 의사결정 단계

예측 단계는 대기질 예보등급을 결정하는 단계다. 가장 먼저 도시대
기 측정망 자료를 활용해 현재 국내 권역 가운데 미세먼지가 고농도 수
준(나쁨 이상 등급)을 나타내는 지역이 있는지 확인한다. 이어 수치 모델 자
료, 예보관의 지식과 경험 등을 바탕으로 미세먼지의 고농도 현상이 발
생하는 원인을 알아내거나 앞으로 고농도 미세먼지가 발생할 수 있는 지
역인지를 판별한다. 국립환경과학원 대기질 예보 가이던스에 정해진 '예
보등급을 확정하기 위한 의사결정 단계'를 따라 최종적으로 권역별 예보
등급을 확정한다.

대기질 예보 결과는 환경부, 기상청, 국립환경과학원 등 유관기관에
예보 통보문으로 전송된다. 이후 언론은 물론 에어코리아, 기상청 홈페이
지, 스마트폰 앱, SMS 등 다양한 매체를 통해 국민에게 전달된다.

미국의 경우 EPA에서 2003년 10월부터 PM2.5의 예측 농도를 일별
6구간의 대기질지수(AQI)란 대기환경지수로 환산해 국민에게 공개하고
있다. 예보결과는 EPA 대기질공개 시스템인 '에어나우(AirNow)', 지방정부
홈페이지, 방송 등을 통해 제공된다. AQI 예보결과를 바탕으로 사전경
보제를 운영하며, 건강에 해로운 영역에 해당하면 '액션 데이(Action Days)'
를 발령해 영향 오염물질별 행동요령을 제시한다.

영국 대기질 예보제도 미국과 비슷하다. 영국 환경식품농림부

(DEFRA)에서 16개 지역별로 PM10, PM2.5의 예측농도를 10구간 지수로 환산해 일별로 국민에게 알린다. 예보결과는 DEFRA 홈페이지에 공개되고, 유럽 대기질과 청정공기에 관한 지침에 따른 경보기준 농도를 초과할 때 즉시 경보를 발령해 배출원 제어 등의 조치를 취한다. 다만 일본은 국가 차원의 공식적 예보를 시행하지 않고, 국립환경연구소(NIES)에서 동아시아 지역의 PM2.5 예측 농도를 국민에게 공개한다.

3. 미세먼지 예보의 정확도

미세먼지 예보는 일기예보보다 고려해야 할 요소가 더 많아 복잡하고 어렵다. 현재 미세먼지 예보의 정확도는 얼마나 되는지, 미세먼지 예보의 정확도를 높이기 위해 어떤 노력을 하고 있는지 살펴보자.

미세먼지 예보, 기상예보보다 어려워

미세먼지 예보는 기상예보와 마찬가지로 관측, 모델, 예측, 전달 과정을 거쳐서 나오긴 하지만, 고려해야 할 요소가 기상예보보다 더 많아 더 복잡하고 어렵다. 기상요소 외에 배출량 자료, 대기 중 화학반응까지 종합적으로 살펴봐야 하기 때문이다. 특히 미세먼지에 영향을 주는 기상요소에 대한 예보가 틀리면 미세먼지 예보 역시 틀리기 때문에 예보 정확도가 기상예보보다 떨어질 수밖에 없다.

초창기 미세먼지 예보는 30~40%가 빗나갈 정도로 형편없었다. 예를 들어 미세먼지 예보기관인 국립환경과학원은 2013년 12월부터 2014년 1월까지 발표한 미세먼지 예보가 잇따라 틀려서 언론의 비난을 받기도 했다. 2013년 12월 5일 수도권 미세먼지 농도가 점차 줄어들 것으로 전망했지만, 서울에 사상 처음으로 초미세먼지 주의보가 내려지기도 했고, 2014년 1월 1일에는 서해안과 일부 내륙지역에 황사가 덮치는 것을 전혀 예측하지 못했다.

사실 미세먼지 예보는 시시각각 바뀌는 기상 상태와 배출량을 복합적으로 다뤄야 하므로 미세먼지 농도를 예측하는 데 변수가 많다. 1945년부터 시작된 기상예보에 비해 많이 늦은 2015년에 공식적으로 시작됐기에 축적된 자료와 경험이 아직 부족하다. 특히 고농도 미세먼지가 발생할 것이라고 예상될 때 발생 시점과 지속 시간을 예측하기 어렵다. 예보등급 경계 부근의 수치를 판단하기 어려운 점도 예보 적중률이 떨어지는 원인 중 하나다.

우리나라는 예보모델 결과에 예보관 판단이 더해져

우리나라는 수치예보 결과를 바탕으로 해서 예보관의 판단으로 최종 예보등급을 결정한 뒤 공개한다. 하지만 미국, 영국처럼 국가 또는 지방정부 차원에서 대기질 예보를 시행하고 있는 주요 선진국은 예보모델의 결과를 국민에게 공개하고 있다.

예보모델만 사용하는 경우 고농도 미세먼지 상황에 대한 미국의 예측 정확도는 2016년 기준으로 67%이다. 영국은 예측 정확도가 80% 이상인 모델만 사용하도록 규정했다. 반면에 우리나라는 2015년 기준으로 고농도 초미세먼지에 대한 모델의 예측 정확도가 44% 수준이라 예보모델만의 성능은 낮기 때문에 예보모델의 결과와 예보관의 판단에 따라 예보등급을 결정한다. 이렇게 예보관의 판단을 포함한 최종 대기질 예보의 정확도, 즉 예보 정확도는 62% 수준으로 올라간다.

미세먼지 예보 정확도는 예보 초기인 2014년에 비하면 조금씩 향상되고 있다. 2017년 전체 기간의 예보 정확도는 미세먼지(PM10)와 초미세먼지(PM2.5) 둘 다 88%를 기록했다. 이는 2014년에 비해 PM10은 5%, PM2.5는 8% 각각 높아진 수치다. 고농도 발생 시에는 PM10 예보 정확도가 2014년 54%에서 2017년 67%로 13% 상승했고, PM2.5 예보 정확도는 2014년 64%에서 2017년 72%로 8% 높아졌다.

이후 2019년 PM10, PM2.5의 예보 정확도는 각각 전국 평균 87%, 85%로 나타났다. 특히 PM2.5 예보 초기에는 정확도가 향상됐지만, 2018년 3월 예보등급 기준이 강화됨(기존 '보통' 등급에 해당하던 농도 구간이 예보등급 기준의 변화로 '보통'과 '나쁨' 등급으로 나뉨)에 따라 예보 정확도는 2017년 88%, 2018년 84%, 2019년 85%로 감소했다. 반면에 고농도 PM2.5의 예보 정확도는 2017년 72%, 2018년 72%, 2019년 79%로 증가했다. 미세먼지 예보의 3대 요소는 관측, 모델, 예보관의 역량인데, 예보모델 결과에 예보관의 판단이 더해지면서 예보 정확도가 다소 높아진 것이다.

연도별 미세먼지 예보 정확도

구분	고농도 발생 시				전체 기간			
	2014년	2015년	2016년	2017년	2014년	2015년	2016년	2017년
미세먼지(PM10) 예보 정확도	54%	67%	67%	67%	83%	87%	86%	88%
초미세먼지(PM2.5) 예보 정확도	64%	69%	72%	72%	80%	86%	88%	88%

자료: 환경부

고농도 발생 시 예보 정확도를 높이려면?

고농도 발생 시 미세먼지 예보 정확도를 높이기 위해서는 관측, 모델, 예보관의 역량을 함께 강화해야 한다. 이를 위해 2020년 3월 한반도 상공에 정지궤도 환경위성 '천리안위성 2B'를 발사했으며, 한국형 예보모델을 개발하는 한편 인공지능을 활용한 예측 시스템의 개발을 추진하고 있다. 또 예보 지침서를 마련하고 예보기술을 교육해 예보관의 역량을 강화하기 위해 노력하고 있다.

특히 미세먼지 예보를 잘하기 위해서는 다양한 관측정보를 바탕으로 예보 정보를 산출해내는 예보모델이 중요하다. 그동안 우리나라는 EPA에서 개발된 예보모델(CMAQ)을 사용했는데, 미국과 우리나라의 대기질 환경이 다르다 보니 국내에서의 예보 정확도가 떨어졌다. 그래서 미세먼지 범부처 프로젝트 사업단에서는 국내 기상·기후 특성, 지형 특성, 산업 특성 등을 반영해 CMAQ를 대폭 개량한 '한국형 대기질 예보 모델링 시스템'을 구축했다. 이를 위해 국내 10개 기관의 연구자, 국외 4개 기관의 전문가 194명이 협력해 미세먼지 생성 메커니즘을 구현하는 대기화학 편집기(KFC 에디터)가 내장된 한국형 대기질 모델, 지상·위성 관측자료와 연계하는 초기·경계장 시스템(초기 조건), 한국형 기상예보모델을 연동한 기상장 시스템(인터페이스), 이동오염원 배출 특성을 반영한 배출장 시스템(한국형 이동오염원 배출모형), 요소 기술의 최적 조합을 평가할 수 있는 테스트 베드 같은 핵심 요소 기술을 개발했다.

국립환경과학원은 예보 정확도를 높이기 위해 시스템 개선, 예보관 역량 강화, 주변국과의 협력 등 다양한 노력을 기울이고 있으며, 이 과정에 미세먼지 범부처 프로젝트 사업단의 연구성과가 활용될 것이다. 미세먼지 고농도 사례의 경우 예보관의 판단을 제외하고 예보모델에서 얻은 초미세먼지 예보 정확도는 2018년 약 51%인데, 2022년 한국형 대기질 예보 모델링 시스템을 활용한다면 이 정확도를 70% 이상으로 높일 수 있을 것으로 예상됐다. 2023년 6월 광주과학기술원 연구진이 포함된 국제공동연구진은 동아시아 특성을 반영한 '한국형 대기화학 모델링' 시스템을 개발해 초미세먼지 예보 정확도를 세계 최고 수준의 유럽중기예보센터보다 24% 이상 높이기도 했다.

또 인공지능으로 미세먼지 예보 정확도를 높이려는 움직임도 있다. 인공지능이란 주어진 자료를 스스로 학습해 최적의 답을 찾아내는 컴퓨터 시스템을 뜻한다. 인공지능을 적용하면 과거 대기질, 기상 관측자료, 수치모델 예측자료처럼 막대한 양의 데이터를 단시간에 분석할 수 있어 미세먼지 예보 정확도를 한층 향상할 수 있다. 예를 들어 광주과학기술원 연구진이 국내 PM10과 PM2.5 농도를 예측하기 위해 인공신경망 모델 중 하나인 순환신경망(RNN)의 일종인 장단기메모리(LSTM) 모델을 개발했다. 이 모델로는 서울(측정소 2곳), 대전, 광주, 대구, 울산, 부산의 측정소에서 2014년 1월부터 2016년 4월까지 얻은 데이터를 학습하고 한미 대기질 합동연구(KORUS-AQ) 기간인 2016년 5월 1일~6월 11일 동안의 PM10과 PM2.5 농도를 예측했다. 전반적으로 LSTM 기반의 PM10, PM2.5 예측이 CMAQ 기반 예측보다 성능이 좋은 것으로 나타났다. 다만 고농도 사례(2016년 5월 25일~28일)의 경우 PM2.5는 학습된 사례 수가 적어 LSTM의 예측성능이 떨어졌지만 앞으로 자료가 축적되면 개선될 것으로 예상된다.

4. 미세먼지 경보

　미세먼지 상황이 악화되면, 예측되는 미세먼지 농도에 따라 미세먼지 주의보나 경보가 발령되기도 한다. 미세먼지 경보 체계는 구체적으로 어떤지, 미세먼지 경보는 최근 들어 증가하고 있는지 살펴보자.

미세먼지 경보의 발령 조건은?

환경부

내일 06~21시 서울, 인천, 경기, 충남지역에서 미세먼지 비상저감조치 시행. 5등급 차량 운행 자제, 마스크 착용 등 개인 건강 관리에 유의 바랍니다.'

　삐이익! 휴대전화로 환경부에서 이런 내용을 담은 안전안내문자가 오면 어김없이 미세먼지로 인한 대기오염이 예상된다. 사실 미세먼지 예보와 경보는 다르다. 미세먼지 예보는 미래의 농도를 사전에 예측해 제공하는 것이고, 경보는 미세먼지로 인해 실제 대기질 농도가 나쁠 경우 발령되는 것이다.

미세먼지 경보제는 고농도 미세먼지가 발생했을 때 국민에게 이 사실을 신속히 알려 미세먼지로 인한 피해를 줄이기 위한 제도다. 미세먼지 때문에 대기질이 환경기준을 초과할 정도로 나빠져 주민의 건강·재산 또는 동식물의 생육에 심각한 위해를 미칠 우려가 있을 경우 지방자치단체장이 해당 지역에 경보를 발령할 수 있다.

이에 따르면 미세먼지 환경기준은 미세먼지(PM10)의 경우 연간 평균치 50㎍/㎥ 이하, 24시간 평균치 100㎍/㎥ 이하이며, 초미세먼지(PM2.5)의 경우 연간 평균치 15㎍/㎥ 이하, 24시간 평균치 35㎍/㎥ 이하로 정해져 있다.

미세먼지로 인한 대기오염경보는 미세먼지의 농도에 따라 주의보와 경보로 구분된다. 지방자치단체장은 경보단계에 따라 주민 건강을 보호하고 대기오염을 개선하기 위한 조치를 취할 수 있다. 특히 고농도 초미세먼지가 발생할 때 환경부 장관은 초미세먼지 농도가 어느 정도인지, 고농도 초미세먼지가 얼마나 지속될지를 고려해 관심, 주의, 경계, 심각이란 4단계 위기경보를 개별 시도별로 발령한다.

정부가 '대기환경보전법 시행규칙'을 개정해 2018년 7월 1일부터 시행하면서 미세먼지 경보 기준이 강화됐다. 초미세먼지(PM2.5)의 경우 주의보 발령 기준은 2시간 이상 지속되는 PM2.5의 시간당 평균 농도가 90㎍/㎥ 이상에서 75㎍/㎥ 이상으로 변경되었으며, 경보 발령 기준은 2시간 이상 지속되는 PM2.5의 시간당 평균 농도가 180㎍/㎥ 이상에서 150㎍/㎥ 이상으로 변경됐다.

초미세먼지(PM2.5) 환경 기준

구분	한국		미국	일본	WHO	EU	중국
	이전	2018년 이후 개정					
연 평균	25μg/m³	15μg/m³	15μg/m³	15μg/m³	5μg/m³	25μg/m³	35μg/m³
일 평균	50μg/m³	35μg/m³	35μg/m³	35μg/m³	15μg/m³	–	75μg/m³

자료: 환경부

초미세먼지(PM2.5) 일평균 예보기준의 변화

구분	좋음	보통	나쁨	매우 나쁨
이전	0~15μg/m³	16~50μg/m³	51~100μg/m³	101μg/m³ 이상
2018년 이후 개정	0~15μg/m³	16~35μg/m³	36~75μg/m³	76μg/m³ 이상

자료: 환경부

초미세먼지(PM2.5) 주의보·경보 기준의 변화

단계	발령 기준	해제 기준
주의보	90μg/m³ → 75μg/m³(2시간)	50μg/m³ → 35μg/m³(1시간)
경보	180μg/m³ → 150μg/m³(2시간)	90μg/m³ → 75μg/m³(1시간)

자료: 환경부

대기오염경보 단계별 발령 기준과 해제 기준

물질	경보 단계	발령 기준	해제 기준
미세먼지 (PM10)	주의보	기상 조건 등을 고려해 해당지역 대기자동측정소의 PM10 시간당 평균 농도가 150μg/m³ 이상으로 2시간 이상 지속될 때	주의보가 발령된 지역의 기상조건 등을 검토해 대기자동측정소의 PM10 시간당 평균 농도가 100μg/m³ 미만인 때
	경보	기상 조건 등을 고려해 해당지역 대기자동측정소의 PM10 시간당 평균 농도가 300μg/m³ 이상으로 2시간 이상 지속될 때	경보가 발령된 지역의 기상조건 등을 검토해 대기자동측정소의 PM10 시간당 평균 농도가 150μg/m³ 미만인 때는 주의보로 전환
초미세먼지 (PM2.5)	주의보	기상 조건 등을 고려해 해당지역 대기자동측정소의 PM2.5 시간당 평균 농도가 75μg/m³ 이상으로 2시간 이상 지속될 때	주의보가 발령된 지역의 기상조건 등을 검토해 대기자동측정소의 PM2.5 시간당 평균 농도가 35μg/m³ 미만인 때
	경보	기상 조건 등을 고려해 해당지역 대기자동측정소의 PM2.5 시간당 평균 농도가 150μg/m³ 이상으로 2시간 이상 지속될 때	경보가 발령된 지역의 기상조건 등을 검토해 대기자동측정소의 PM2.5 시간당 평균 농도가 75μg/m³ 미만인 때는 주의보로 전환

자료: 환경부

초미세먼지(PM2.5) 위기경보 기준

단계	발령 기준(하나의 요건만 충족되면 발령)	
관심	PM2.5 농도가 50μg/m³을 초과하고 다음 날도 50μg/m³을 초과할 것으로 예상되거나, 다음날 75μg/m³를 초과할 것으로 예상되는 경우(비상저감조치 발령 기준)	
주의	PM2.5 농도가 150μg/m³ 이상으로 2시간 지속되고 다음 날 75μg/m³를 초과할 것으로 예보	관심 단계가 2일 연속되고, 주의 단계가 1일 지속될 것으로 예상
경계	PM2.5 농도가 200μg/m³ 이상으로 2시간 지속되고 다음 날 150μg/m³을 초과할 것으로 예보	주의 단계가 2일 연속되고, 경계 단계가 1일 지속될 것으로 예상
심각	PM2.5 농도가 400μg/m³ 이상으로 2시간 지속되고 다음 날 200μg/m³을 초과할 것으로 예보	경계 단계가 2일 연속되고, 심각 단계가 1일 지속될 것으로 예상

자료: 환경부

미세먼지 주의보·경보 발령 증가하나?

미세먼지 주의보·경보와 초미세먼지 주의보·경보는 해마다 증가하는 추세였다. 특히 초미세먼지 주의보·경보가 발령된 횟수는 2017년부터 2019년까지 매년 크게 늘었다. 환경부 자료에 따르면, 전국 17개 시도 초미세먼지 주의보·경보 발령 횟수(일수)는 2017년 129회(43일), 2018년 316회(71일), 2019년 642회(87일)로 나타났다. 2019년 발령 횟수가 2017년보다 약 5배가 증가했다. 발령 기준이 강화된 것이 어느 정도 영향을 미치기도 했지만, 초미세먼지 농도가 해마다 늘어난 탓이 컸다.

매년 증가했던 초미세먼지 주의보·경보 발령 횟수(일수)는 2020년 1월부터 6월까지 128회(31일)에 그쳤다. 이는 2019년 상반기 579회(70일)의 25% 수준으로 줄어든 것이다. 이런 현상이 신종 코로나바이러스 감염증(코로나19)으로 인해 국내외 산업활동, 자동차 이동량이 줄었기 때문인지는 좀 더 면밀하게 살펴봐야 한다. 다만 2020년 1월에서 3월 사이에는 코로나19가 어느 정도 영향을 미쳤을 것으로 분석된다. 한국과학기술

연구원 연구진이 코로나19 확산 초기에 중국 산업활동 위축과 미세먼지의 연관성을 분석하기도 했다.

2021년에는 상황이 달라졌다. 특히 미세먼지 주의보·경보 발령 횟수는 489회를 기록해 코로나19 이전인 2018년(412회)보다 더 많아졌다. 중국뿐만 아니라 우리나라의 산업활동, 자동차 이동량이 늘어나면서 미세먼지 상황도 악화한 것으로 보인다.

이후에도 고농도 미세먼지의 추세는 크게 바뀌지 않았다. 2023년 1월 1일부터 3월 20일까지 전국의 각 지역에 발령된 초미세먼지 주의보와 경보 횟수는 153회를 기록했다. 이는 2022년 같은 기간에 비해 대폭 증가한 수치였다. 코로나19 이후 경제활동이 늘어나면서 에너지 사용량 역시 증가한 것이 원인 중 하나로 꼽혔다.

미세먼지(PM10) 주의보 발령 현황

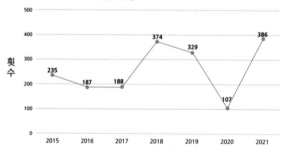

© 한국환경공단

초미세먼지(PM2.5) 주의보 발령 현황

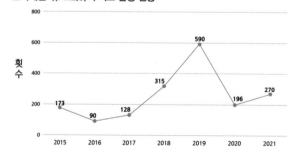

© 한국환경공단

미세먼지(PM10) 경보 발령 현황

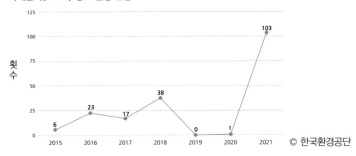

© 한국환경공단

초미세먼지(PM2.5) 경보 발령 현황

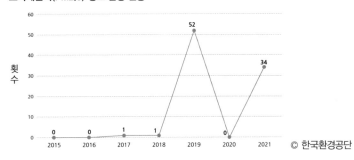

© 한국환경공단

꼭꼭 씹어 생각 정리하기

1. 미세먼지 예보는 관측, 모델, 예측, 전달이란 4단계로 이루어집니다.
   각 단계별로 어떤 업무를 하는지 간단히 설명해 봅시다.

   _____

   _____

2. 미세먼지 예보등급은 좋음, 보통, 나쁨, 매우 나쁨이란 4단계로
   설정했습니다. 왜 이렇게 설정했는지 알아보고 정리해 봅시다.

   _____

   _____

3. 우리나라의 미세먼지 농도를 관측하는 데 측정망, 라이다(LIDAR)
   장비, 인공위성 등을 활용합니다. 그중 인공위성 관측은 다른 관측에
   비해 어떤 장점이 있는지, 왜 정지궤도 위성을 사용하는지 설명해
   봅시다.

   _____

   _____

4. 미세먼지 예보가 기상예보보다 더 어렵다고 알려져 있습니다.
   그 이유는 무엇인지 간단히 설명해 봅시다.

   _____

   _____

5. 우리나라의 미세먼지 예보 정확도는 미국, 영국 같은 선진국보다
   떨어집니다. 그 이유는 무엇인지, 우리나라가 미세먼지 예보 정확도를
   높이기 위해 어떤 노력을 하고 있는지 알아보고 정리해 봅시다.

   _____

   _____

6. 미세먼지 주의보·경보의 발령 횟수가 매년 증가하는 추세를 보이다가
   코로나19 팬데믹 시기에는 줄어들었습니다. 그 이유가 무엇인지
   설명하고, 이 같은 사실이 미세먼지 저감 방법에 어떤 시사점을 주는지
   생각해 봅시다.

   _____

   _____

5부

미세먼지 대처법

1. 개인 차원의 노력

각 개인은 미세먼지에 어떻게 대처해야 할까. 미세먼지가 심한 날에는 가급적 외출하지 말고, 외출할 때는 마스크를 쓰라고 권한다. 과연 마스크는 얼마나 효과가 있을까. 또 실내에서 적절한 환기가 필요하다고 하는데, 환기는 꼭 해야 할까.

고농도 미세먼지 7가지 대응요령

미세먼지가 심해지면 미세먼지 주의보 또는 경보가 발령된다. 환경부에서는 고농도 미세먼지가 발생했을 때 일반 국민이 어떻게 대응해야 하는지 7가지로 정리해 공개한 바 있다.

첫째, 외출은 가급적 자제하기. 야외모임, 캠프, 스포츠 등 실외활동을 최소화하도록 권하고 있다. 둘째, 외출할 때는 식약처에서 인증한 보건용 마스크를 착용해야 한다. 보건용 마스크에는 KF80, KF94, KF99가 있다. 셋째, 외출 시 대기오염이 심한 곳은 피하고 활동량을 줄여야 한다. 미세먼지 농도가 높은 도로변, 공사장 등에서 머무는 시간을 줄이고, 호흡량이 증가해 미세먼지를 흡입할 우려가 있는 격렬한 외부활동을 줄여야 한다는 뜻이다.

넷째, 외출 후 깨끗이 씻기. 즉 온몸을 구석구석 씻되, 특히 손, 발, 눈, 코를 흐르는 물에 씻으며 양치질하는 것은 필수적으로 해야 한다. 다섯째, 물과 비타민C가 풍부한 과일·채소를 섭취하면 좋다. 노폐물 배출 효과가 있는 물, 항산화 효과가 있는 과일·채소 등을 충분히 섭취해야 한다는 말이다.

여섯째, 환기, 실내 물청소 등으로 실내 공기질을 관리하도록 권하고 있다. 실내외 공기 오염도를 고려해 적절히 환기하며, 실내 물걸레질 등으로 물청소를 하고 공기청정기를 가동해야 한다는 의미다. 공기청정기의 필터는 주기적으로 점검하고 교체해야 한다. 일곱째, 대기오염을 유발하는 행위를 자제해야 한다. 예를 들어 자가용 대신 대중교통을 이용하는 식이다.

어떤 마스크를 써야 하나?

고농도 미세먼지가 발생한 날에는 어김없이 외출 시 마스크 착용을 강조한다. 환경부에서는 보건용 마스크(KF80, KF94, KF99)를 쓰라고 권하는데, 일반 마스크와 어떻게 다를까.

식품의약품안전처(식약처)에서는 2017년 12월 미세먼지 차단용 마스크 3종, 즉 KF80, KF94, KF99에 대한 가이드라인을 마련했다. 마스크에 붙은 KF(Korea Filter)는 식약처에서 인증했다는 의미이고 KF 뒤의 수치는 미세먼지 입자를 차단할 수 있는 비율(%)을 뜻한다. 에어로졸 형

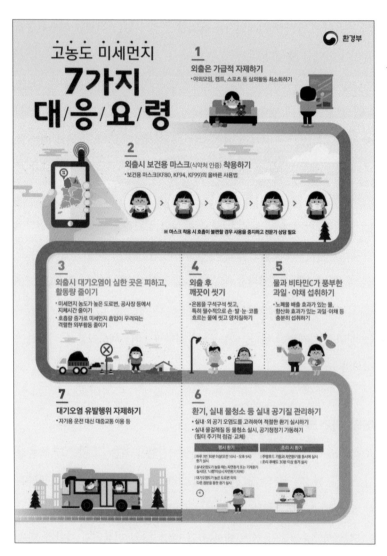

태의 염화나트륨이나 파라핀오일을 이용해 구체적인 마스크의 차단 성능을 검사한 결과, KF80은 해당 입자를 80% 이상, KF94는 94% 이상, KF99는 99% 이상 각각 걸러냈다. 염화나트륨 입자는 지름이 평균

0.6µm인 사면체 결정으로 황사나 고체먼지를 흉내 낸 것이고, 파라핀오일 입자는 지름이 평균 0.4µm인 액체방울로 세균이나 액상 대기오염물질을 모사한 것이다.

반면 일반 마스크의 경우 미세먼지 입자의 차단 효율은 식약처 인증을 받은 마스크 3종에 비해 상당히 떨어졌다. 즉 차단 효율이 약 46%로 낮게 나타났다. 미세먼지가 심한 날에 일반 마스크를 쓴다면 큰 효과를 보기 힘들다는 의미다.

왜 이런 차이가 나는 걸까. 일반 마스크와 보건용 마스크의 구조가 다르기 때문이다. 일반 마스크는 보통 한 겹의 면으로 구성돼 있다. 면 섬유가 가로, 세로로 교차하며 구멍이 상당히 커서 미세먼지 차단 효율이 떨어진다. 이에 비해 보건용 마스크는 3~4중 구조로 돼 있다. 4중 구조의 보건용 마스크는 외피, 1차 필터, 정전기 필터, 내피로 구성되고, 3중 구조는 여기서 1차 필터가 빠진다. 외피나 내피는 대개 부직포로 만들고, 면 섬유보다 치밀하게 얽혀 있어 구멍이 작다. 보건용 마스크의 핵심은 중간에 들어가는 정전기 필터다. '멜트블로운(MB) 필터'라고도 하는 정전기 필터는 필터 원단에 고전압으로 정전기를 가해 제작되는데, 미세먼지를 정전기로 끌어당겨 걸러준다. 1차 필터는 프리필터로 입자가 큰 먼지를 일차적으로 막아준다.

미세먼지를 차단하기 위해 보건용 마스크를 쓰더라도 몇 가지 유의사항이 있다. 먼저 식약처가 권장하는 대로 올바르게 착용해야 한다. 마스크를 얼굴에 밀착시켜 꼼꼼하게 쓰더라도 마스크와 약간 떨어진 부분이 있다면, 그 틈으로 미세먼지가 들어올 수 있기 때문이다. 또한 정전기 필터는 수분에 약하기 때문에 마스크 재사용은 피해야 한다. 입김 등으로 필터가 수분에 노출되면 포집 기능과 방어 기능이 떨어지기 때문이다.

마스크 효과는 어느 정도?

사실 폐 기능이 낮은 질환자, 심장 질환자, 임산부, 노약자는 보건용 마스크를 쓰기 전에 의사와 충분히 상의하는 것이 필요하다. KF 숫자가 클수록 미세먼지 차단율은 높아지지만, 숨쉬기가 어렵거나 불편할 수 있기 때문이다. 만일 마스크를 착용한 뒤 호흡 곤란, 두통, 어지러움 등이 생긴다면 마스크를 바로 벗어야 한다.

호흡기질환자나 심혈관질환자, 65세 이상의 노인처럼 미세먼지에 취약한 사람들은 보건용 마스크를 꼭 써야 할까. 써야 한다면 어느 정도 효과가 있을까.

미세먼지 범부처 프로젝트 사업단의 서울대 의대 연구진은 65세 이상의 노인 20명을 대상으로 보건용 마스크의 효과를 조사했다. 실험 참가 노인은 뇌졸중, 심근경색, 당뇨, 고혈압, 천식, 암의 병력이 없었다. 2018년 5월부터 7월까지 노인 1인당 1주일 간격으로 마스크(KF80) 착용 전후에 심혈관 및 호흡기 관련 검사를 3회에 걸쳐 실시했다. 검사 결과 65세 이상의 노인이 보건용 마스크를 착용했을 때 혈압상승 억제 효과, 심장 계통의 보호 효과가 나타나는 것으로 밝혀졌다. 다만 마스크 착용으로 인한 스트레스도 높아지는 것으로 드러났다.

기저질환을 앓고 있는 환자는 어떨까. 미세먼지 범부처 프로젝트 사업단은 천식, 심혈관질환, 호흡기질환을 앓고 있는 환자 71명을 모집해 KF80 마스크 착용군(24명), 일반 마스크 착용군(24명), 마스크 미착용군 (23명)으로 나눈 뒤 설문조사, 일반 검사 및 정밀 검사(활동 심전도, 폐기능 등) 를 실시했다. 그 결과 미세먼지 농도가 높아질수록 보건용 마스크 착용 군이 다른 대조군에 비해 염증 지표가 감소하고 심장 계통의 보호 효과 가 있는 것으로 나타났다. 또 '만성폐쇄성폐질환 평가 테스트(CAT)'에서도 보건 마스크 착용군이 해당 질환의 증상 개선 효과를 보였다.

환기를 꼭 해야 하나?

미세먼지에 대한 대응책 중 하나로 환기를 꼽는데, 환기는 어떻게 해 야 할까. 환경부 자료에 따르면, 미세먼지로 인해 실내 공기질이 안 좋을 때 적절한 환기를 하라고 권하고 있다. 집에서 조리할 때나 아이들이 뛰 어놀 때 실내 미세먼지 오염도는 바깥보다 더 안 좋을 수 있다.

평상시 실내 오염도가 높을 때는 창문을 열어 환기하거나(자연 환기) 기 계장치를 가동해 환기해야(기계 환기) 한다. 단 미세먼지 상태가 '나쁨' 이 상일 때는 자연 환기를 하지 않는다. 오전 10시부터 오후 9시 사이에 하 루 3회 환기하되, 환기 시간은 30분 이상으로 하고 자연 환기 시에는 대 기오염도가 높은 도로변이 아닌 다른 쪽 창문을 열고 환기하는 게 좋다. 그리고 실내에서 조리할 때도 환기가 필수적이다. 주방 후드를 가동하는 동시에 창문을 열고 환기한다. 조리 중에 환기할 뿐만 아니라 조리 후에 도 30분 이상 환기한다.

미세먼지 범부처 프로젝트 사업단의 한국기계연구원 연구진은 실내 초미세먼지(PM2.5) 농도를 WHO 권고기준(10μg/m³) 이하로 유지할 수 있도록 '주택 미세먼지 관리 가이드라인'을 개발한 바 있다. 여기에는 올바른 환기 방법, 주방 후드 활용 방안 등이 담겨 있다. 주방 레인지 후드를 가동할 때는 마주 보고 있는 창문을 동시에 열어 맞바람 통풍이 되도록 하는 것이 좋다. 환기장치는 실내 오염물질과 이산화탄소를 밖으로 배출할 수 있는데, 적절한 등급의 필터를 선택해 사용하는 것이 중요하다.

또한 한국기계연구원 연구진은 아파트 실제 환경에서 환기장치의 초미세먼지 저감 효용성을 평가하기도 했다. 연구 결과 미세먼지를 제거하는 데 환기장치만 활용하는 방법에는 한계가 있음이 밝혀졌다. 즉 아파트 실제 환경에서 환기장치의 초미세먼지 저감 효용성은 공기청정기의 약 10분의 1 수준에 불과한 것으로 나타났다. 미세먼지를 제거하는 데는 공기청정기가 효과적이란 뜻이다. 소비전력 대비 미세먼지 저감 효과도 환기장치보다 공기청정기가 10배 이상 높았다.

공기청정기, 용량보다 다소 큰 것 사용해야

과연 공기청정기 효과는 어느 정도일까. 공기청정기를 효율적으로 사용하려면 어떻게 해야 할까. 미세먼지 범부처 프로젝트 사업단의 한국기계연구원 연구진은 실제 공간에서 시간에 따른 미세먼지 저감률인 청정공기공급률(Clean Air Delivery Rate, CADR) 개념을 도입해 공기청정기는 물론 환기장치, 주방 후드에도 적용했다. 특히 실제 주택에서 공기청정기의 성능을 평가한 결과를 주목할 필요가 있다.

현행 공기청정기 성능시험은 밀폐된 시험 체임버(30m³)에서 이루어져 주택의 실제 사용 조건이 간과됐다. 이에 연구진은 실제 아파트 거실에서 미세먼지 농도 변화, 공기청정기의 위치 등 다양한 조건에 따라 청정 공기공급률을 평가했다. 그 결과 아파트 거실에서 평가한 공기청정기의 청정공기공급률이 시험 체임버에서 인증한 값의 73~90% 수준임을 확인했다. 밀폐된 시험 체임버는 외부 공기가 차단되지만, 실제 아파트는 건축 연도에 따라 기밀도(氣密度), 즉 실내외로 들어오고 나가는 공기를 막아주는 정도가 달라지기 때문이다. 구체적으로 신축 아파트보다 오래된 아파트에서 기밀도가 낮아 성능 차이가 크게 나타났다. 따라서 공기청정기를 제대로 활용하려면 오래된 아파트일수록 공기청정기에 표시돼 있는 용량보다 다소 큰 것을 사용할 필요가 있다.

그리고 당연하게도 공기청정기를 가동할 때는 출입문과 창문을 잘 닫아야 하고, 적절한 용량(표준사용면적)의 공기청정기를 사용하는 게 좋다. 한국소비자원은 사용 공간의 130% 정도를 적정 용량(표준사용면적)으로 권장하고 있다. 시설 특성과 이용 인원수에 따라 달라질 수 있지만, 적정 용량의 공기청정기를 이용하면 미세먼지 제거 효율이 대략 30~70%가 된다. 공기청정기는 관리도 중요하다. 세균·곰팡이 발생과 2차 오염을 막기 위해 주기적으로 필터를 세척하고 교체해야 한다.

2. 국가 연구개발 대처

미세먼지는 고농도 정체 현상과 사회 문제로 이슈가 늘어남에 따라 2010년대 중반부터 국가 연구개발(R&D) 과제 건수가 급격하게 증가했다. 미세먼지 R&D 주요 과제들을 구체적으로 살펴보자.

2013년부터 미세먼지 R&D 과제 증가

앞에서 밝혔듯이 미세먼지가 사회적 이슈로 부각되면서 이에 비례해 검색량도 증가했음을 확인할 수 있다. 예를 들어 구글 또는 네이버에서 '미세먼지'로 검색한 양이 2012~2013년을 기점으로 급상승한 것으로 나타났다.

우리나라 정부는 2011년 초미세먼지(PM2.5) 대기질 기준을 신설했으며 2013년 처음으로 '미세먼지'를 대상으로 한 미세먼지 종합대책을 발표해 본격적인 대응에 착수했다. 이 같은 사회적 대응에 따라 황사와 대조적으로 미세먼지 관련 R&D 과제는 2013년부터 건수가 증가하는 경향을 파악할 수 있다.

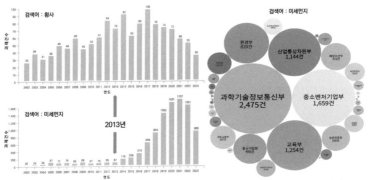

국가과학기술지식정보서비스(NTIS)에서 미세먼지, 황사라는 키워드 검색으로 찾은 과제의 연도별(왼쪽) 및 부처별(오른쪽) 건수. © KIST 청정대기센터

2013년 이전의 과학기술정보통신부 R&D 과제는 연구자가 직접 연구 내용과 목표를 제안하는 기초 연구 형태의 개인 연구가 중심이었다. 2013년부터 과학기술정보통신부 R&D 투자는 대형 원천연구 사업을 중심으로 과학적 기반의 원인 규명과 문제 해결에 주력했다. 미세먼지 분야의 문제를 해결하기 위해서는 원인 규명에 필수적인 대기과학은 물론이고 배출 저감·집진 기술, 노출 저감 및 건강 영향 분야 등 다양한 분야의 연계가 필요해 여러 연구자의 다학제적 협력 연구가 중요해졌다.

미세먼지 범부처 프로젝트를 비롯해 환경부, 보건복지부, 교육부 등이 R&D 수요 부처로서 과학기술정보통신부와 협력해 범부처 사업을 추진했다. 과학기술정보통신부 단독 사업은 기초 단계의 R&D에 집중했다. 2014년~2023년에 추진된 R&D 과제 중 미세먼지가 중점 연구 분야인 과학기술정보통신부 주요 사업은 사회문제해결형 기술개발사업 내 초미세먼지 피해저감 사업단, 미세먼지 범부처 프로젝트, 기후변화대응기술개발 내 과제, 에너지환경통합형 학교 미세먼지 관리기술 개발사업, 동북아-지역 연계 초미세먼지 대응 기술개발사업 총 5건이었다. 여기에 약 1,638억 원(범부처 합계)이 투자됐으며, 세부과제는 85건으로 집계됐다.

초미세먼지 피해저감 사업단

2013년 12월 관계부처 공동의 '과학기술 기반 사회문제해결형 종합 실천계획'이 수립되면서 공동 기획이 추진됐는데, 당시 시급하게 해결해야 할 사회문제를 선정해 11대 실천과제를 구성했다. 이듬해 7월 과학기술 기반 사회문제해결형 R&D 공동기획연구결과가 심의됐다. 11대 과제 가운데 기상 분야에서 미세먼지 관련 이슈가 선정됐으며, 해당 추진과제는 미세먼지를 비롯해 안개, 블랙아이스 등 기상재해를 모두 아우르는 형태로 기상청, 환경부, 미래창조과학부(현 과학기술정보통신부)가 함께 목표와 역할을 계획했다.

이에 따라 광주과학기술원 박기홍 교수 연구팀의 초미세먼지 피해저감 사업단이 구성되어 2014년부터 2017년까지 3년간 총 85억 원을 지원받았다. 연구 목표는 초미세먼지(PM2.5) 예보모델 개선, 저감 장치 개발, 위해성 연구를 통해 국민을 미세먼지로부터 보호할 수 있는 초미세먼지 피해저감 및 통합관리 체계를 구축하고 실증하는 것이었다.

초미세먼지 통합형 인체 유해성 실시간 진단, 예보모델 개선 및 저감 기술 개발이란 총괄 과제를 수행했으며, 8개 세부과제와 3개 단위과제를 추진했다. 추진 결과, 초미세먼지 집진 소재와 시제품을 개발했다. 즉 기능성 고분자로 집진 효율이 높은 저가형 정화소재를 개발해 습도가 높은 환경에서도 장기간 사용할 수 있는 초미세먼지 마스크 시작품, 무필터 공기정화장치 시작품을 제작하는 동시에 보급형 실내용·휴대용 공기정화기 제품도 출시했다. 또 인체 위해성을 파악하기 위한 독성, 영향평가 등에 관한 기본 자료를 확보했으며, 고농도 미세먼지 발생 시 예보를 개선해 대국민 정보를 제공할 수 있었다. 특히 예보 능력과 정확도를 개선하기 위해 다양한 모델 평가, 배출량 목록 개선, 자료 동화, 기법 개선 등을 수행한 결과, 예보 적중률이 15% 향상되는 성과를 거두었다.

미세먼지 범부처 프로젝트

미세먼지 문제가 지속적인 사회적 이슈로 주목받자 정부는 2016년 11월 미래창조과학부, 환경부, 보건복지부 합동으로 '과학기술 기반 미세먼지 R&D 대응 전략'을 발표했다. 이는 R&D를 중심으로 문제 해결에 집중한 첫 전략인데, 과학적 지식 기반의 중요성을 강조하면서 부처별, 사업별로 흩어져 있는 연구역량을 결집하는 동시에 R&D 이후의 기술수요부처, 민간 등과 연계 체계를 확보하고자 했다.

2016년 8월 미세먼지 분야가 9대 국가전략프로젝트로 선정되면서 R&D 전략을 바탕으로 발생·유입, 측정·예보, 집진·저감, 보호·대응이란 4대 분야 세부사업을 구성했다. 이듬해 한국과학기술연구원(KIST) 배귀남 책임연구원이 사업단장으로 선정되고 본격적으로 사업이 추진됐다. 국민 건강을 위협하는 미세먼지 문제를 근본적으로 해결하기 위한 과학기술을 개발하고 깨끗한 대기환경을 실현하며 미세먼지 대응 신산업을 창출할 목적으로 KIST 주관의 미세먼지 범부처 프로젝트 사업단을 운영했다. 과학기술정보통신부, 환경부, 보건복지부에서 공동 추진했으며, 2017년부터 2020년까지 4년간 총 457억 원의 정부 연구비를 투자해 4대 분야 아래 총괄 과제, 단위과제 15개, 하위 세부과제 24개를 추진했다.

사업단 4대 분야 중 발생·유입 분야에서는 미세먼지를 입체적으로 감시하기 위한 독자적 항공측정 시스템을 개발하는 동시에 동북아 미세먼지 이동을 규명하기 위한 국제공동관측을 추진했으며, 프로토타입 한국형 입자모듈(버전 1)을 개발하고 맞춤형 권역별 주요 오염원 기여도를 산출했다. 측정·예보 분야에서는 실시간 입체 관측자료 통합시스템, 한국형 대기질 모델링 시스템, 저고도 미세먼지 원격 관측 시스템을 개발하고 고농도 미세먼지 예보모델의 예측 정확도를 75% 이상으로 높이고자 노력했다. 집진·저감 분야에서는 제철소 1차 미세먼지 배출농도를 50% 저감하는 기술, 중소사업장 미세먼지 배출량을 30% 저감하는 기술을 개발하고, 제철소 2차 생성먼지 원인물질(NOx) 배출농도를 30% 저감하는 기술을 실증했다. 보호·대응 분야에서는 생활보호제품 실환경 평가 인증규격을 만들고, 미세먼지 노출 건강 영향 평가를 시행하며, 전국 건강영향지도를 제작했다.

특히 사업단은 7대 주요성과를 다음과 같이 발표했다. 첫째, 미세먼지 저감 정책 수립의 과학적 근거가 되는 연구결과를 도출했다. 예를 들어 위성 활용 배출량 추정기법을 개발하고 중국발 미세먼지 유입 시 고농도 미세먼지 현상을 규명했다. 둘째, 예보에 활용되는 미세먼지 생성량 관계식, 배출량 개선 배출 모형 등을 개발해 미세먼지 예보 역량을 향상했다. 셋째, 사업장 미세먼지 저감 기술을 개발하고 실증했다. 예를 들어 초미세먼지 고효율 집진설비 기술을 실증하고, 이산화황 분리·회수 원천기술, 저온 질소산화물(NOx) 제거 탈질 촉매 기술 등을 개발했다. 넷째, 우리나라 최초 중형 스모그챔버(27m³)를 도입하고 미세먼지 측정용 항공기를 확보해 미세먼지 연구 인프라를 확대했다. 다섯째, 미세먼지가 심혈관계, 호흡기계 등에 미치는 건강 영향과 보건용 마스크 착용 효과를 과학적으로 규명했다. 여섯째, 미세먼지 노출을 저감하기 위한 기술을 개발하고 가이드라인을 마련했다. 예를 들어 실내 미세먼지 노출을 저감하기 위한 필터 소재를 개발하고 생활 보호제품 사용 가이드라인을 마련했다. 일곱째, 미세먼지에 대한 국민 이해도를 높이고자 노력했다. 즉 미세먼지 파수꾼 양성 교육을 정기적으로 총 21회 운영해 1430명의 교육 수료생을 배출했다.

또한 사업단은 관련 성과를 수준급 저널에 실린 논문(SCI급 논문)으로 146편 발표했고, 관련 특허를 19건 출원했으며, 미세먼지 관련 포럼·세미나·토론회를 40회 개최했다. 미세먼지 범부처 프로젝트는 과제 단위가 아닌, 미세먼지 중심의 첫 국책 연구사업이라는 의미를 가지며, 분야별 연계 협력의 선례를 남겼다. 이를 통해 미세먼지 발생의 원인 규명과 현상 파악에 대한 본격적인 대형 연구가 시작됐다.

미세먼지 추경 지원 과제와 학교미세먼지관리 기술개발사업

미세먼지 범부처 프로젝트 연구대상에서 더 나아가 분야별로 체계를 갖추고 발생원별 대상으로 수행한 연구 과제가 과학기술정보통신부에서 추진한 미세먼지 추가경정예산 지원 과제 2가지다. 구체적으로 현장 맞

춤형 발생원별 미세먼지 원인 규명 고도화(2019년~2022년 총 3년, 총 200억 원),
비도로 이동 오염원 및 소각장 배출 미세먼지 저감기술 개발·실증 연구
(2019년~2022년 총 3년, 총 250억 원)라는 과제다.

2019년까지 다양한 정책, 제도, 신규 R&D 사업이 추진됐지만 미세
먼지에 대한 경각심은 계속 증대했다. 이에 그해 8월 추가경정예산을 통
해 미세먼지에 대응하기 위한 다양한 예산을 편성했는데, 기존의 기후변
화대응기술개발사업 내에 R&D 신규과제를 선정하는 형태였다. 이렇게
선정된 2개의 대형과제는 각각 3년간의 R&D를 통해 주요 오염 발생원
(사업장, 자동차, 농축산 지역, 항만지역)의 특성을 분석하는 한편 고농도 미세먼지
현상을 종합적으로 규명했으며, 기존 매연저감장치를 적용하기 힘들었던
특수차량, 선박 등(비도로 오염원)에 신규 개발 기술을 실증했고 소각장을
대상으로 저비용 고효율 미세먼지 저감기술을 확보했다.

또 2019년 11개 부처에서 각 소관영역에 필요한 미세먼지 R&D 신
규사업을 추진했는데, 그중 교육부는 학교 실내 공기질 관리를 강화하기
위해 미세먼지 기준을 신설하고 학교 고농도 미세먼지 대책을 수립한 뒤,
과학기술정보통신부와 함께 R&D 범부처 신규사업 '에너지·환경 통합형
학교미세먼지관리 기술개발사업'을 착수했다.

이 사업이 지향하는 목적은 초등학교에 공기청정기를 의무적으로 보
급하는 식의 설비 개선만으로는 문제 해결에 한계가 있고, 실질적인 노출
과 질환 관련성 등의 규명이 부족했기 때문에 기초·원천 연구는 물론이
고 기술 실증과 규제 개선까지 포함해 실제 학교에서 활용할 수 있도록
사업의 과제를 구성한 것에서 알 수 있다.

과학기술정보통신부, 교육부에서 '에너지·환경 통합형 학교미세먼지 관리 기술개발사업단'이란 단일 사업단을 구성했으며, 연세대 신동천 교수가 사업단장으로 선정되어 기초·원천, 통합관리, 진단·개선, 법·제도란 4대 분야에 대해 2019년부터 2024년까지 총 5년간 총 306.51억 원의 정부 연구비가 지원된다. 4대 분야에 총괄 및 단위 6과제, 하위 세부 13 과제가 구성됐는데, 기초·원천 분야에 외부환경 및 활동도 기반 학교건물 내 미세먼지 발생특성 규명, 학교 미세먼지 노출 특성별 학생 건강영향 평가 및 중재효과 분석 등의 과제, 통합관리 분야에 신재생에너지 연계 실내외 열공기환경 정보연동 청정공조환기시스템 개발 등의 과제, 진단·개선 분야에 학교 유형별 컨설팅 및 맞춤형 공기환경 개선 방안 실증 등의 과제, 법제도 분야에 학교미세먼지 관리체계 구축, 빅데이터 수집·처리·분석기법과 에너지·환경 연계 관리기술 및 통합지원체계 개발 등의 과제가 각각 포함됐다.

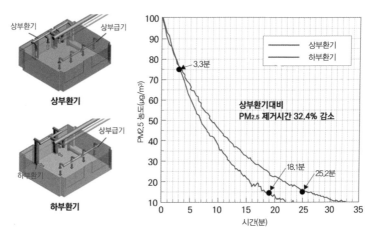

신규 하부환기 시스템의 초미세먼지(PM2.5) 제거시간 비교. © 과학기술정보통신부

이 중에서 2022년 4월까지 1단계로 다음과 같은 주요 성과를 거두었다. 전국 50개 학교 교실에서 미세먼지 발생특성을 규명하고 외부 유입과 학교 특성을 고려해 실내 미세먼지 농도 예측법을 개발했으며, 서울·경기 2개 학교, 전북 2개 학교에서 초등학생 1~2학년생의 미세먼지 노출 추적조사를 수행하고 노출과 폐 염증 지표 관련성을 확인했다. 또 신재생에너지 연계 청정공조환기시스템을 개발하고 학교 실환경과 동일하게 구성한 실증 테스트베드를 활용해 그 시스템의 우수성을 확인했으며, 학교 공기환경을 개선하기 위한 진단 프로세스를 실증하고 사물인터넷(IoT) 기반의 지속적인 모니터링 시스템을 개발했다.

동북아-지역 연계 초미세먼지 대응 기술개발사업

2020년 미세먼지 범부처 프로젝트가 종료됨에 따라 연구성과 연계와 관련된 분야에서 후속 사업의 필요성이 대두됐다. R&D 사업은 2019년부터 부처별로 발전, 제조, 수송, 지하철 등 영역별 사업이 개별적으로 진행됐으며, 과학기술정보통신부는 미세먼지 문제를 근본적으로 해결하기 위한 기초연구, 원천기술 개발 등의 역할을 하고자 했다. 이에 따라 2020년 미세먼지 정책을 과학적으로 뒷받침할 수 있는 R&D 사업으로서 동북아-지역 연계 초미세먼지 대응 기술개발사업을 신규로 추진하는 동시에 R&D 추진 방향을 제시하는 '과기정통부 미세먼지 R&D 전략 (2020~2024)'을 발표했다.

과학기술정보통신부 단독사업인 이 사업은 2020년부터 2025년까지 총 5년간 총 458억 원의 정부연구비가 지원된다. 사업 목적은 국가 차원에서 전략적으로 초미세먼지 문제에 대응하고자 동북아 연구자 간 국제 협력 연구를 통해 초미세먼지 특성, 기상현상 등을 종합적으로 고려하여 한국형 초미세먼지 관리 시스템을 마련하고, 지역별 초미세먼지 문제를 해결하기 위한 실증연구 등 지역 맞춤형 통합관리 기술을 개발하는 것이다. KIST 배귀남 책임연구원이 사업단장으로 선정되어 사업단을 별도로 구성했으며, 2023년 기준으로 현상규명, 중기예보, 중장기 전망, 지역 맞춤형 관리라는 4대 분야 아래에 총괄 및 단위 13과제, 하위 세부과제 24건이 진행된다.

현상 규명 분야에서는 동북아 동시 국제공동관측(8회 이상) 및 초미세먼지의 물리화학적 특성 진단, 상공 대기질 항공관측, 5개 권역별 대기질 관측, 스모그 챔버를 이용해 이차 생성 반응식 개발 등이 추진되며, 중기예보 분야에는 한국형 대기질 예측 단기모델 고도화 및 중기모델 개발, 동아시아 기상·대기질 3차원 입체관측 정보통합 플랫폼 고도화 등이 포함된다. 또 중장기 전망 분야에는 동북아 사회·경제·환경 통합적 중장기 전망 방법의 비교·분석, 동북아 초미세먼지 배출량 저감 시나리오 도출 등이 선정됐으며, 지역 맞춤형 관리 분야에서는 지역 맞춤형 초미세먼지 관리체계 구축, 지역 맞춤형 저감 기술 시범 실증(2지역 2개소 이상) 등이 추진된다.

이 가운데 2022년 12월까지 1단계 성과가 다음과 같이 나왔다. 동북아 초미세먼지 현상을 규명하기 위해 우리나라를 비롯해 중국, 일본, 몽골 4개국이 국제공동관측을 4회 실시했으며, 국내 5개 권역별로 초미세먼지를 집중 측정을 한 뒤 물리화학적 특성과 발생메커니즘을 규명했다. 미세먼지 범부처 프로젝트에서 구축한 3차원 입체관측 정보통합 플랫폼에 신규 관측자료, 분석 기능 등을 추가해 고도화하고, 메커니즘을 개선하며 대기화학모델링 시스템을 개발함으로써 정확도를 개선해 예보 현업기관 지원을 시범 운영하고 있다. 동북아 미세먼지 전문가 네트워크와 한·중·일 사회·경제·환경 자료 라이브러리를 구축했으며, 지역 맞춤형으로 초미세먼지를 관리하기 위한 대기질 모사 플랫폼을 구축해 경기 화성(수도권), 전남 여수(남부권) 등 시범지역을 대상으로 시범 활용하고 있다.

한편 2023년 신규 선정을 진행한 '넷-제로(Net-zero) 대응 미세먼지 저감기술개발사업'도 주목할 만하다. 기후변화에 대응하고자 화석연료 사용을 대폭 줄이면 대기질이 개선될 것으로 예상되지만, 탄소중립 시나리오의 연료전환 및 산업공정 등의 변화에 따라 미세먼지 배출이 오히려 늘어나는 분야도 존재한다. 2021년 10월에 발표된 '2050 탄소중립 시나리오'에 따르면, 이산화탄소 같은 온실가스 배출량을 감축하기 위해 혼소 발전(연료를 혼합해 발전하는 방식으로 최근 암모니아, 수소를 활용한 혼소 발전이 주목받고 있음), 전기차 활용을 확대할 계획이고 선박 분야에서도 암모니아 같은 대체 연료 활용방안을 고려하고 있다. 시나리오대로라면 탄소 배출량은 감소하지만 암모니아 활용으로 인한 2차 미세먼지 증가, 전기차 비배기로 인한 미세먼지 배출(전기차는 기존 차량보다 무거워서 마찰 강도가 높아지며 타이어 마모로 인한 미세먼지 증가 우려) 등은 고려되지 않고 있다. 따라서 기후변화에 대응하기 위한 에너지와 수송 분야의 정책적 변화를 뒷받침할 수 있는 대기오염 분야 R&D가 필요하다. 이에 과학기술정보통신부는 2020년에 발표한 미세먼지 R&D 전략에 따라 중장기적인 개발과 시도가 필요한 혁신 저감 기술 신규사업, 즉 넷-제로 대응 미세먼지 저감기술개발사업을 구성했다. 이는 과학기술정보통신부 단독사업으로 2023년부터 2027년까지 총 5년간 진행되며, 2023년에만 각 과제당 45억 원 이내로 총 4건의 과제에 총 180억 원 내외의 정부연구비 지원이 예상됐다.

3. 친환경적 저감 노력

미세먼지 배출량을 줄이기 위해 친환경적 노력도 다양하게 이뤄지고 있다. 자동차, 선박 등의 연료를 친환경 연료로 바꾸고 있으며, 발전소 등에서 화석연료 대신 신재생에너지를 사용하려 한다.

미세먼지 발생을 줄이는 저감기술

미세먼지 배출원은 크게 산업, 발전, 수송, 생활 부문으로 구분된다. 먼저 수송 부문에서 미세먼지 발생을 줄이는 저감기술이 있다. 예를 들어 2016년 한국기계연구원은 경유차의 매연을 대폭 줄일 수 있는 플라스마 매연저감장치(DPF)를 자체적으로 개발해 6만 km의 도로주행 테스트를 끝냈다. DPF는 경유차 배기관에서 배출되는 매연의 95% 이상을 필터에 모아 태울 수 있는 장치인데, 연구원에서 개발한 DPF는 가격이 저렴하고 크기가 기존 버너의 10분의 1이며 배기가스 온도가 낮아도 매연을 태울 수 있는 것이 장점이다. 이 장치는 발전소, 대형 기관차, 선박, 화물차, 승용차 등에 적용할 수 있다. 또 버스 같은 차량의 하부에 장착할 수 있는 집진장치, 지하철도 비산먼지 저감기술 등도 개발되고 있다.

산업, 발전 부문의 사업장은 큰 청정설비를 설치해 굴뚝에서 많이 배출되는 오염물질, 즉 초미세먼지(PM2.5), 질소산화물(NOx), 황산화물(SOx)을 관리하고 있다. 사업장의 초미세먼지 배출 비중은 45.3%를 차지하는데, 초미세먼지 감축량을 늘리려면 큰 설비가 필요하지만, 중소사업장에서는 더 큰 설비를 설치할 공간을 확보하기 어렵다. 이에 한국에너지기술연구원과 ㈜한빛파워 연구진은 2017년 적은 공간에서 더 많은 미세먼지를 처리할 수 있는 고효율 집진기술을 개발했다. 이른바 '15m 길이의 백필터(bag filter)'다. 백필터란 발전소, 제철소 등에서 고밀도의 부직포로 미세먼지까지 걸러내 깨끗한 공기만 외부로 내보내는 집진장치를 말한다.

기존에 사업장에서 사용됐던 3m 길이의 백필터에 비해 15m 길이의 백필터는 설치면적을 60%까지 줄이면서 미세먼지 배출농도를 약 85% 낮은 수준으로 관리할 수 있고 설치·운영비도 30% 절감할 수 있을 것으로 기대됐다. 실제로 연구진은 15m 길이의 백필터 집진시스템을 포스코 광양제철소 현장에 설치해 2020년 2월부터 100일간 실증연구를 성공적으로 마쳤다. 앞으로 미세먼지뿐만 아니라 질소산화물, 황산화물 같은 미세먼지 2차 원인물질도 함께 제거할 수 있는 대기오염물질 복합 저감시스템이 개발된다면 사업장에서 배출되는 미세먼지를 효율적으로 관리할 수 있을 것이다.

자동차는 물론 선박도 친환경으로

차의 연료가 어떤 종류인지에 따라 미세먼지 배출량이 달라진다. '미

세먼지의 주범'이라고 지목받는 경유차는 어떨까. 직접 배출하는 입자
상물질의 양은 휘발유차와 비슷한 수준이지만, 2차 미세먼지 생성의 원
인이 되는 물질(미세먼지 전구물질)인 질소산화물은 휘발유차보다 훨씬 더 많
이 배출한다. 그리고 LPG 차는 경유차나 휘발유차보다 질소산화물을
적게 배출한다. 2015년 국립환경과학원에서는 경유차 32종, 휘발유차 9
종, LPG 차 4종을 대상으로 실내시험과 실외 도로시험을 진행했다. 그
결과 배출허용기준이 강화된 경유차(매연포집장치가 부착된 유로 6 경유차)의 경
우 실제 도로에서 배출하는 질소산화물의 양은 실내시험 기준의 평균 7
배에 이르는 데 비해, 휘발유차나 LPG 차는 실제 도로에서도 실내시험
기준을 충족하는 것으로 밝혀졌다. 다만 2017년 9월부터 신규로 인증
받은 경유차는 실제 도로 배출가스 관리제도가 적용돼 질소산화물 배출
량이 다소 개선됐다.

차량 유종별 미세먼지 배출현황

배출가스		LPG 차	경유차	휘발유차
입자상물질(PM)	실내시험	0.0020g/km	0.0021g/km	0.018g/km
질소산화물	실내시험	0.005g/km	0.036g/km	0.011g/km
	실외도로시험	0.006g/km	0.560g/km	0.020g/km

자료: 한국에너지기술연구원, 국립환경과학원

결국 자동차 배출가스를 줄이기 위해 친환경 자동차를 이용하는 것
이 중요하다. 하이브리드차, 전기차, 수소연료전지차(수소차) 등이 질소산
화물 같은 대기오염물질을 기존 휘발유차나 경유차에 비해 적게 배출하
기 때문에 친환경 자동차에 해당한다. 정부는 친환경 차에 구매보조금
지원, 세금감면, 주차요금·통행료 할인 같은 혜택을 제공하면서 적극적

으로 친환경 차 보급에 나섰다. 아울러 행정·공공기관의 친환경 차(저공해차) 의무 구매율을 2020년 50%까지 높이고 의무 구매 대상 기관도 점차 확대한다는 방침도 세운 바 있다. 그 결과 2020년 12월 기준으로 전기차는 13만 7636대, 수소차는 1만 945대가 보급됐으며, 2022년 말에는 전기차가 40만 대, 수소차가 3만 대에 육박했다.

물론 친환경 차는 운행하기 편리하려면 충전 인프라를 충분히 갖출 필요가 있다. 정부는 한때 2020년까지 전기차 충전소 7만 기, 수소차 충전소 120기를 확충한다는 목표를 세우기도 했다. 하지만 실제로 2020년 12월 기준으로는 전기차 충전기 6만 4188기, 수소차 충전소 70기 구축을 완료했는데, 이 중 전기차 충전기의 경우 급속충전기와 완속충전기가 각각 9805기, 5만 4383기를 차지했다. 2022년 말에는 전기차 충전기가 20만 기를 돌파했고, 수소차 충전소는 229기에 달했다. 이후에도 정부는 친환경 차와 충전 인프라를 계속 늘려가고 있다.

친환경 차 보급 현황

	2017년	2018년	2019년	2020년	2021년	2022년
전기차	2만 5108대	5만 5756대	8만 9918대	13만 4962대	23만 1443대	38만 9855대
수소차	170대	893대	5083대	1만 906대	1만 9404대	2만 9623대

자료: 국토교통부

충전 인프라 구축 현황

		2017년	2018년	2019년	2020년	2021년	2022년
전기차 충전기		1만 3676기	2만 7352기	4만 4792기	6만 4188기	10만 6701기	20만 5205기
	급속	3343기	5213기	7396기	9805기	1만 5067기	2만 737기
	완속	1만 333기	2만 2139기	3만 7396기	5만 4383기	9만 1634기	18만 4468기
수소차 충전소		11기	14기	34기	70기	170기	229기

자료: 환경부, 무공해차통합누리집(www.ev.or.kr)

항만 미세먼지
좋음😊

제1차 항만지역 등 대기질 개선 종합계획(2021~2025)

2017년 대비 2025년 항만 배출 초미세먼지(PM2.5) 배출량 60% 감축

"맑은 공기, 숨쉬는 항만"을 위한 방법

1 선박기인 대기오염물질 저감

1. 선박 연료유 황 함유량 기준 강화
2. 저속운항 프로그램 활성화
3. 친환경선박 확대
4. 육상전원공급장치 이용 확대

2 항만의 친환경화

1. 항만하역장비 친환경화
2. 노후 경유차 항만 출입제한
3. 친환경 항만 인프라 구축
4. 항만·물류의 스마트화

3 안전한 생활환경 조성

1. 비산먼지 관리 강화
2. 취약계층 건강 보호
3. 고농도 미세먼지 대응

4 관리기반 구축

1. 항만대기 정책지원체계 구축
2. 항만지역 대기질 측정망 확충
3. 배출량 산정체계 개선
4. 대책 홍보 및 인식제고

자동차만 친환경 차로 바꾸는 것이 아니라 배도 친환경 선박으로 전환하고 있다. 2021년 1월 해양수산부가 발표한 '제1차 항만지역 등 대기질 개선 종합계획'에 따르면, 항만에서 발생하는 미세먼지를 감축하기 위해 2025년까지 소속 관공선의 80%를 친환경 선박으로 교체한다. 아울러 항만에서 생기는 대기오염물질을 줄이고자 항만별 맞춤형 하역장비

친환경화 방안을 마련해 2025년까지 항만 내 주요 하역장비의 90% 이상을 친환경으로 전환한다. 예를 들어 컨테이너를 운송하는 하역장비인 야드 트랙터의 연료를 LNG로 바꾼다. 이와 같은 종합계획을 통해 2025년까지 항만에서 배출되는 초미세먼지(PM2.5)의 양을 2017년 기준 7958톤에서 60% 수준인 3265톤으로 줄이는 것이 정부의 목표다.

석탄화력발전 대신 친환경에너지로 바꿔야

미세먼지 발생 주범 중의 하나로 석탄화력발전소를 꼽는다. 이에 고농도 미세먼지가 발생하는 3~6월에 노후 석탄화력발전소의 가동을 일시적으로 중단한 적이 있다. 그 결과 2015년에 비해 2016년 초미세먼지(PM2.5) 배출량이 1055톤이나 줄었다. 특히 석탄화력발전소가 밀집된 충청남도에서는 가동중단의 효과가 컸다. 예를 들어 2017년 6월 한 달간 충남지역 노후 석탄화력발전소 가동중단 덕분에 PM2.5 배출량이 141톤 감소한 것으로 나타났다.

그동안 정부에서는 석탄발전에서 배출된 미세먼지의 양을 지속적으로 관리해 왔다. 노후 석탄발전소의 경우 봄철에 가동을 중단하고 일부는 조기에 폐지하며 환경설비를 개선함으로써 미세먼지를 매년 25% 이상 감축했다. 석탄발전에서 발생하는 미세먼지는 2016년 3만 676톤에서 2017년 2만 6952톤, 2018년 2만 2869톤으로 꾸준히 감소했다.

미세먼지 계절관리제에 포함된 조치 중 하나가 석탄화력발전소 가동률 상한 제약이다. 석탄화력발전소 출력을 80%로 제한해 미세먼지 발생을 줄이겠다는 조치다. 2018년 11월부터 2019년 2월 사이에 고농도 미세먼지에 대응한 석탄화력발전 상한 제약 조치는 총 10차례 발령됐다. 2019년 2월부터 정부는 발령 대상을 기존 30기에서 40기로 확대했다. 이에 더해 전체 석탄발전에서 저유황탄 사용을 늘려 미세먼지 2차 생성 물질인 황산화물 발생을 억제하도록 했다. 또 2023년 2월 정부는 미세 먼지특별대책위원회를 열고 '초미세먼지 봄철 총력대응 방안'을 확정해 석탄화력발전소의 상한 제약을 최대 36기까지 적용하고, 석탄화력발전 소 17~26기의 가동을 정지하기로 하기도 했다.

궁극적으로는 석탄발전 대신 친환경에너지(신재생에너지)를 확대하려 고 노력하고 있다. 석탄발전을 축소하는 것과 함께 태양광, 풍력 같은 신 재생에너지를 확대하는 것이 반드시 필요하다. 이는 미세먼지를 저감할 뿐만 아니라 기후변화 대응 같은 환경현안도 해결하기 위한 국제적 흐름 이기 때문이다. 정부는 '재생에너지 3020 이행계획'을 통해 태양광, 풍 력을 중심으로 2030년 재생에너지의 발전 비중 20%를 달성하려는 계 획을 추진하고 있다. 2030년까지 새로 보급되는 재생에너지 설비용량은 48.7GW가 될 것으로 전망된다.

2020년 12월 정부가 발표한 '제9차 전력수급기본계획'을 들여다보 면, 신재생에너지 비중을 대폭 늘리고 미세먼지를 대폭 감축하려는 의지 를 확인할 수 있다. 이 계획에는 2020년부터 2034년까지 15년간의 발전 설비 계획, 전력수급 전망, 수요관리 등을 담겨 있는데, 이에 따르면 2034 년 신재생에너지 설비용량은 2020년에 비해 4배 확대되고, 석탄발전과 원자력발전 설비 비중은 절반 수준으로 줄어든다. 구체적으로 재생에너 지 3020, 수소경제활성화 로드맵, 그린뉴딜 계획 등을 반영해 신재생에너지 설비용량은 2020년 20.1GW에서 2034년 77.8GW로 증가한다. 또한 산업통상자원부는 국가 온실가스 감축목표(NDC)를 감안해 2030년 기준 온실가스 배출 목표치인 1.93억 톤을 제9차 전력수급기본계획에 반영했다. 그 결과 2030년 에너지원별 발전량 비중은 신재생에너지 20.8%, 석탄 29.9%, 원자력 25%가 된다. 2019년에 비해 신재생에너지는 14.3%가 확대되고 석탄은 10.5%, 원자력은 0.9% 각각 감소한다. 이와 함께 발전부문 미세먼지 배출은 2019년 2만 1000톤에서 2030년 9000톤으로 약 57%가 줄어들 것으로 전망됐다.

4. 과학기술적 제거 방안

과학기술로 미세먼지를 제거하려는 방안도 다양하다. 미세먼지 원인 물질을 자원으로 바꾸거나 인공강우나 타워를 동원해 미세먼지를 잡아서 없애는 기술까지 개발되고 있다. 미세먼지에 대한 과학적 대처 방법을 살펴보자.

미세먼지 원인 물질을 자원화한다

미세먼지 원인 물질을 친환경 물질로 바꾸거나 자원으로 재활용할 수 있는 기술도 개발되고 있다. 먼저 차량, 공장 등에서 배출되는 배기가스 중 하나로 황산화물인 이산화황(SO_2)이 있다. 이산화황은 대기에 노출되면 수분과 결합해 황산이 되는데, 이는 산성비의 원인이 되거나 암모니아와 결합해 미세먼지로 바뀐다. 그동안 사업장에서 이산화황은 배출되지 않고 회수할 수 있도록 석고 형태로 만들어 왔는데, 이 가운데 90% 이상은 폐기물로 처리되어 또 다른 환경문제를 일으켰다. 이에 2020년 한국과학기술연구원(KIST) 연구진은 배기가스 중에서 이산화황을 94~97% 정도 선택적으로 분리·회수하는 새로운 원천기술을 개발해 이산화황을 자원화할 수 있는 길을 열었다.

이전에는 칼슘을 비롯한 강한 염기로 이산화황을 고체 입자로 만든 뒤 물에 분산시키고 한 번 더 산화시키는 복잡한 과정을 거쳐야 했지만, KIST 연구진은 적당한 세기의 염기적 특성을 가진 흡수제를 개발해 비교적 간단히 고농도의 이산화황을 분리·회수할 수 있었다. 이렇게 얻은 이산화황은 비료, 식품보존제, 황산(반도체 생산 시 웨이퍼 세척 등에 활용) 등으로 자원화가 가능하다. 연구진은 이산화황을 전지의 활극물질을 제조하는 데 활용하는 방안과 관련된 연구도 추진하고 있다.

이산화황뿐만 아니라 배기가스 중 질소산화물도 자원화 연구대상이 되고 있다. 구체적으로 미세먼지의 주요 원인 물질 중 하나인 일산화질소(NO)가 타깃이다. 일산화질소 같은 질소산화물은 산성비, 토양 산성화, 수질 오염 등의 환경오염을 일으킬 뿐만 아니라 미세먼지를 발생시키는 원인으로 지목돼 왔다. 이에 2021년 광주과학기술원(GIST), 한국과학기술원(KAIST), 숙명여대 공동연구진은 일산화질소를 고부가가치 화합물인 하이드록실아민으로 전환하는 기술을 개발했다. 하이드록실아민은 나일론의 원료인 카프로락탐을 생산하는 데 필요한 주원료다. 이 성과를 통해 질소산화물을 저감하는 동시에 섬유 생산의 원재료를 확보할 가능성을 확인한 셈이다.

빗물과 인공강우로 미세먼지 잡을까

대기 중 미세먼지의 농도를 낮추는 방법 가운데 가장 간단한 방법이 물을 이용하는 것이다. 도로에서 분진을 제거하는 살수차처럼 물을 뿌려 대기 중 미세먼지를 없애자는 뜻이다. 2014년 EPA의 물리학자 사오차이 위 박사는 환경과학 분야 국제학술지 《환경 화학 레터 (Environmental Chemistry Letters)》에 고인 빗물을 고층 빌딩 옥상에서 스프레이 형식으로 뿌려 미세먼지를 잠재우자는 아이디어를 발표했다. 빗물을 사용하기 때문에 비용이나 환경 면에서 효율적이라 주목할 만하다.

미세먼지 중에는 도로에서 날리는 분진(비산먼지)으로 인해 발생하는 것도 적지 않다. 국내에서는 고압으로 물을 뿜어내 도로분진을 제거하거나 도로분진을 진공 흡입해 필터로 여과하는 식으로 도로를 청소하고 있다. 2022년 4월 환경부와 한국환경공단에 따르면, 전국 493개 구간의 집중관리도로 중 서울, 인천, 경기, 대전 등에 있는 35개 구간의 도로를 고압살수차, 분진흡입차 등으로 청소한 뒤 비산먼지로 인한 미세먼지(PM10)가 평균 37% 감소한 것으로 밝혀졌다.

인위적으로 비를 내려 미세먼지를 없애자는 대책도 등장하고 있다. 미세먼지를 6% 줄이기 위해서는 2mm의 강수가 필요하고, 미세먼지를 20%까지 줄이려면 6mm의 강수가 필요하다는 연구 결과가 있기 때문이다. 인공강우를 활용한 미세먼지 대책은 2013년 중국에서 제기됐고, 우리나라는 2017년 경기도에서 미세먼지를 씻어내기 위해 인공강우 실험을 계획하기도 했으며, 2019년부터 인공강우 실험을 하기도 했다. 비행기, 로켓 등으로 요오드화은, 드라이아이스 같은 강우촉진제(구름씨)를 쏘아 올려 빗방울을 맺게 하는데, 비가 쏟아질 때 대기 중 미세먼지를 끌어 내리게 된다. 하지만 인공강우 활용법은 효과가 떨어진다. 인공강우를 내리려면 수분을 가진 구름이 있어야 한다. 보통 고농도 미세먼지는 우리나라가 고기압권에 들어가 대기가 정체될 때 발생하는데, 고기압권에서는 구름이 거의 없어 문제다. 구름이 있다고 해도 인공강우로 내릴 수 있는 비의 양도 시간당 0.1~1mm에 불과해 미세먼지를 씻어 내리기에 부족하다.

인공강우에 필요한 구름씨(강우촉진제)는 지상 발생기, 비행기 등으로 뿌릴 수 있다.

실제 국립기상과학원은 가뭄 해소 방안으로 인공강우 실험을 한 바 있는데, 9회 실험 중 4회 실험에서 비를 내리게 만드는 데 성공은 했지만 내린 비의 양이 매우 적었다. 물론 일부 논문에서는 시간당 1mm의 약한 비가 내려도 에어로졸 세정 효과가 있다는 연구 결과가 있다. 문제는 인공강우 활용법이 미세먼지 저감에 효과가 있다고 하더라도 비 온 뒤 일시적일 뿐이며 곧 미세먼지가 다시 생성될 수 있다는 점이다.

2017년 2월 미국 네바다주의 사막연구소(Desert Research Institute)에서는 DAx8이라는 드론을 활용한 인공강우 실험에 성공했다. 드론을 이용하면 비용을 대폭 줄이면서 원하는 곳에 정확히 구름씨를 뿌릴 수 있다.

하지만 인공강우를 이용한 미세먼지 대책은 아직 비용이나 효과 면에서
현실성이 떨어진다는 평가를 받고 있다.

타워를 세우거나 드론을 이용해 미세먼지 잡기

　네덜란드 발명가인 단 로세가르더는 거대 공기청정기 '스모그 프리
타워'를 개발했다. 로테르담에 설치한 7m 높이의 이 타워는 미세먼지
입자에 전하를 띤 이온을 붙인 뒤 코일에 정전기를 발생시켜 이 먼지 입
자가 달라붙도록 만든다. 타워 꼭대기에 있는 통풍 시스템이 미세먼지
가 포함된 더러운 공기를 체임버 속으로 빨아들이면, 여기에서 크기가
15μm 이하인 미세먼지는 양전하를 띠는데, 이 먼지는 체임버 내의 전
극에 달라붙는다. 이 과정을 거쳐 깨끗해진 공기는 타워 아래쪽의 통풍
구로 배출된다. 이 타워는 미세먼지를 흡착시켜 시간당 3만 m³의 공기

로세가르더가 개발한 '스모그 프리 타워'.

를 정화할 수 있고, 풍력을 이용해 에너지를 생산하며 에너지 소비량도 1700W 정도로 매우 적다. 에인트호번 기술대학의 조사 결과에 따르면, 타워 반경 10m까지 미세먼지(PM10)는 45%, 초미세먼지(PM2.5)는 25%가량 감소했다.

중국도 베이징을 비롯한 여러 도시에서 거대 타워를 이용해 미세먼지를 처리하려고 한다. 예를 들어 2017년 시안에 높이 60m의 초대형 공기정화탑 '추마이타'를 건설하기도 했다. 이 탑은 하단에 설치된 온실에서 공기를 빨아들인 뒤 온실 내 필터로 미세먼지를 거르고 맑은 공기를 내놓는다. 중국과학원의 조사 결과, 반경 10km 이내에서 미세먼지를 11~19% 정도 감소시켜 하루 1000만 m^3의 깨끗한 공기를 배출한다. 문제는 축구장 절반 정도의 면적이 필요해 도심에 설치하기 쉽지 않고 크기에 비해 정화하는 공기 용량이 적다는 점이다.

드론을 이용해 미세먼지를 없애는 방법도 제시되고 있다. 중국 정부는 2014년 자국 군수업체 중국항공산업그룹(AVIC)과 계약한 뒤 대기 중의 미세먼지를 응고시키는 드론을 개발하기 시작했다. 이 드론은 미세먼지를 뭉쳐서 굳히는 화학물질 700kg을 싣고서 공중에서 뿌리면, 응고된 미세먼지가 우박처럼 땅으로 떨어지게 된다. 최대 반경 5km 이내의 미세먼지를 제거할 수 있다고 한다. 이 기술이 실현된다면 중국발 미세먼지가 서해를 건너오기 전에 미리 차단할 수 있는 셈이다.

또 드론에 미세먼지 제거 필터를 장착하고 공중에 띄우는 방법도 고안됐다. 드론 한 대가 아니라 수십~수백 대를 동원하는데, 드론을 수시로 충전할 수 있도록 상공에 열기구와 비슷한 형태의 드론 충전소도 함께 떠운다. 여러 대의 드론이 장시간 동안 공중에 머물러 미세먼지를 제거하는 방식이다.

이 외에 건물 외벽에 광촉매인 이산화타이타늄을 바르는 방법도 미세먼지를 잡는 데 유용할 수 있다. 질소산화물과 황산화물이 미세먼지를 발생시키는 전구물질인데, 이산화타이타늄은 자외선을 받으면 이들 물질을 분해하는 촉매 역할을 하기 때문이다. 이산화타이타늄은 분해 과정에서 어떤 변화도 일어나지 않아 반영구적으로 사용할 수 있고, 태양광을 이용해 친환경적이다. 광촉매는 페인트로도 활용할 수 있다. 실제로 서울주택도시공사에서는 2018년 노원구의 한 아파트에 광촉매 페인트를 칠해 미세먼지 저감효과를 모니터링하기도 했다.

도심에 설치해 미세먼지 없애는 벤치 '시티트리'.

또 식물을 활용해 미세먼지를 제거하는 방법도 있다. 독일의 스타트업 그린시티솔루션즈는 도심에 설치해 미세먼지를 없애는 벤치 '시티트리'를 개발한 바 있다. 4m 높이의 거대한 벽에 1600개 넘는 이끼 포트가 박혀 있어 50m 이내의 대기 중 미세먼지를 빨아들인다. 위쪽에 태양광 패널이 설치되어 전기를 충전하고, 온습도, 대기질, 식물의 생장 상태를 관리하는 센서가 장착돼 있다. 파리, 베를린, 오슬로 등 유럽 20여 개 도시에 설치됐다. 벤치 하나는 하루에 125g의 미세먼지를 흡수한다고 한다.

한편 2018년 유럽연합(EU) 집행위원회는 미세먼지 저감 아이디어를 공모하기도 했다. 미국의 소재기업 코닝이 개발한 공기정화장치가 수상작으로 뽑혔다. 이 장치는 자동차 배기가스 필터를 응용해 20년 이상 쓸 수 있는 세라믹 필터를 적용했다. 벌집처럼 구멍이 뚫린 세라믹 필터는 공기 중의 미세먼지만 선택적으로 흡착한다. 이 필터로 높이 10m의 공기정화기를 설치한다면, 매일 360만 m³의 공기에서 95%의 미세먼지를 제거할 수 있다. 하지만 값비싼 세라믹 때문에 대규모 설비를 건설하려면 엄청난 비용이 들어간다는 사실이 문제다. 그럼에도 미세먼지를 제거하기 위한 과학적 노력은 계속될 것이다.

꼭꼭 씹어 생각 정리하기

1. 환경부에서는 고농도 미세먼지가 발생했을 때 일반 국민이 어떻게 대응해야 하는지 7가지로 정리해 알려주고 있습니다. 7가지 대응요령을 알아보고, 이 중에서 무엇이 가장 중요하다고 생각하는지 그 이유를 제시해 봅시다.

_____

_____

2. 미세먼지가 심한 날에 외출하려면 마스크를 착용하는 것이 좋습니다. 어떤 마스크를 써야 하는지, 마스크는 어떻게 사용해야 하는지를 정리해 봅시다.

_____

_____

3. 2010년대부터 미세먼지 문제가 사회 문제로 부각되면서 미세먼지와 관련된 국가 연구개발(R&D) 과제(사업)가 많이 늘어났습니다. 이들 중 하나를 선택해 자세히 알아보고, 어떤 연구개발 과제를 하는 것이 좋은지 생각해 봅시다.

_____

_____

4. 자동차에서 발생하는 미세먼지를 줄이기 위한 노력도 중요합니다. 경유차, 휘발유차, LPG 차, 전기차가 각각 미세먼지를 얼마나 발생시키는지 알아보고, 어떤 자동차를 이용해야 하는지 생각해 봅시다.

_____

_____

5. 우리나라는 물론이고 전 세계에서 미세먼지를 줄이거나 제거하고자 다양한 방안을 내놓고 있습니다. 이들 방안 중에서 가장 효과적이라고 생각하는 방안을 찾아서 설명해 봅시다.

_____

_____

6. 미세먼지를 줄이거나 제거하기 위한 나만의 아이디어를 떠올려보고, 구체적인 방안을 만들어 논리적으로 제시해 봅시다.

_____

_____

6부

국제협력

1. 미세먼지는 중국 탓인가?

전국에 강력한 미세먼지가 뒤덮이면, 우리는 흔히 '중국발' 미세먼지가 엄습했다는 소식을 접하곤 한다. 그런데 '매우 나쁨' 수준의 미세먼지가 발생하면, 정말 중국 탓일까? 우리나라뿐만 아니라 중국도 많이 노력해서 대기 상태가 좋아졌다고 하는데, 사실일까?

최악의 황사, 모두 중국발은 아니야

2021년 5월 둘째 주말 언론에서 '최악의 미세먼지, 프로야구 취소'라는 제목의 보도가 쏟아졌다. 국내 프로야구 경기가 취소되는 원인이 보통 강우인데, '미세먼지' 때문에 경기가 취소된 것은 이례적이었다. 엄밀히 살펴보자면, 경기가 취소될 정도의 미세먼지(PM10)를 발생시킨 주범은 봄철이면 기승을 부리는 황사였다. 2023년 4월에도 숨 쉬기 힘들고 눈도 뻑뻑하게 만든 황사가 찾아왔다. 이 때문에 여러 날에 걸쳐 전국이 '매우 나쁨' 수준의 미세먼지가 기록됐다. 국내 언론에서는 '중국발 황사'를 비난하는 보도가 나왔는데, 중국이 관영 《환구시보》를 통해 우리 언론에 공개적으로 문제를 제기했다. 당시에 발생해 우리나라는 물론 일본까지 뒤덮은 초대형 황사가 중국 탓이 아니라 몽골 탓이라면서 말이다. 중국도 국경을 마주하고 있는 몽골에서 시작된 황사의 피해자라고 주장했다. 실제로 당시 베이징의 황사는 우리나라보다 훨씬 심각했다.

'누런 모래'란 뜻의 황사(黃砂)는 중국에서 '모래 먼지 폭풍'이란 뜻의 사진폭(沙塵暴)이라 불린다. 특히 가시거리가 1km 이하로 심한 황사를 사진폭이라고 한다. 황사는 고비·타클라마칸 사막, 내몽골(네이멍구 자치구)의 건조지대, 양쯔강 상류의 황토고원, 만주 등에서 발생한다. 국립기상과학원의 분석에 따르면, 지난 20년간 우리나라에 유입된 황사의 81%가 고비·타클라마칸·내몽골 지역에서 생겨난 것이다. 이 광활한 지역은 상당 부분 몽골에 속해 있으니, 우리나라에 영향을 주는 황사를 모두 중국발이라고 할 수 없는 셈이다.

중국 미세먼지 상황, 좋아지고 있다?

미세먼지가 심해질 때마다 우리는 대체로 중국 탓을 한다. 하지만 중국은 나름대로 미세먼지를 줄이기 위해 애쓰고 있으며 점점 미세먼지 오염도가 낮아지고 있다고 한다. 과연 사실일까. 2023년 5월 1일 국제학술지 《네이처》가 미국 세인트루이스 워싱턴대 대기과학과 치 라이 교수 연구팀의 분석을 인용해 보도한 내용을 살펴보자. 연구팀이 미국항공우주국(NASA) 위성으로 20년 이상 대기 상태를 측정한 자료를 분석한 결과, 한때 대기오염이 심각했던 중국의 상황이 최근 10년 새 꾸준히 개선된 것으로 밝혀졌다.

워싱턴대 연구팀 분석에 따르면, 1990년대 말 중국의 연평균 초미세먼지(PM2.5) 노출은 32.8μg/m³으로 나타났다. 이후 계속 증가해 2006년경 50~60μg/m³으로 높아졌으나 2013년을 기점으로 꾸준히 감소했다. 2021년엔 33.3μg/m³ 수준으로 떨어졌다. 연구팀은 중국의 대기오염 감소 속도가 인상적이라고 평가했다. 그럼에도 중국의 연평균 PM2.5 노출은 WHO의 권고치인 5μg/m³보다 여전히 매우 높다. 많이 개선됐지만, 아직 갈 길이 멀다는 뜻이다.

사실 중국은 2000년대 초부터 대기질을 개선하기 위해 노력해 왔다. 연구팀은 중국 대기에서 PM2.5가 극적으로 줄어든 첫 번째 요인으로 석탄 화력발전소의 굴뚝 시스템 업그레이드를 꼽았다. 중국 정부는 2004년부터 발전소 굴뚝에 이산화황을 거르는 필터와 보조 장치를 탑재하도록 거액의 보조금을 지급하기 시작했다. 이산화황은 대기에서 다른 화합물과 반응해 PM2.5 미립자를 형성하는 것으로 알려져 있다. 굴뚝 개조 보조금 지원책 외에 중국 정부는 2013년 대기오염 방지 및 제어 조치 계획을 발표했다. 특히 오염물질 배출 기준을 대폭 강화해 이를 초과하는 소규모 발전소와 각종 시설을 대거 폐쇄했다. 이 조치 덕분으로 2013년~2017년 사이에 PM2.5 배출량의 81%가 감소했다. 이는 중국 베이징 칭화대 쿼앙 장 교수 연구팀이 분석해 2019년 국제학술지《미국립과학원회보(PNAS)》에 공개한 결과다.

하지만 중국은 2021년 대규모 정전 등을 통해 전력난을 겪은 후 다시 석탄화력발전을 늘렸고, 이에 따라 2023년 미세먼지 농도가 증가했다. 핀란드 소재 연구기관인 '에너지청정대기연구센터'가 2023년 1월~11월

2023년 12월 23일 12시~15시 천리안위성 2A호가 촬영한 한반도와 주변의 대기 모습. 중국 국경 해안으로부터 한반도를 향하는 대기에 미세먼지 등이 포함된 에어로졸(빨간색)이 보인다. ⓒ 국가 기상위성센터

중국 전역의 초미세먼지(PM2.5) 평균 농도를 분석한 결과를 발표했는데, 그 결과에 따르면 2022년 같은 기간보다 3.6% 높아졌고, 이렇게 중국의 PM2.5 평균 농도가 악화한 것은 2013년 이후 10년 만에 처음이었다. 사실 그동안의 개선 노력에도 불구하고 중국 전역의 대기오염 평균치는 WHO 지침 수준보다 약 5배 더 높은 상황이다. 더욱이 중국은 2023년 겨울 혹한으로 인해 전력 수요가 사상 최대를 기록함에 따라 화력발전이

더 증가하고 있다고 알려져 미세먼지 오염이 더 심해질 수 있다는 염려가 나오기도 했다.

그럼에도 중국 정부는 2025년까지 오염이 심한 날을 없애겠다고 밝힌 바 있다. 구체적으로 하루 PM2.5 농도가 200μg/m³을 초과하는 날, 즉 극심한 오염일을 제로로 만들겠다는 목표를 설정했다.

북한의 영향은 어느 정도인가?

수도권에 고농도 미세먼지가 발생할 때면 외부 영향으로 중국과 함께 언급하는 곳이 바로 북한이다. 북한 내 현황을 파악하기는 쉽지 않지만, 2010년대 들어 북한의 대기오염 상황을 분석하는 연구결과가 나오고 있다.

2019년 2월에 이화여대 연구진이 《한국대기환경학회지》에 게재한 「북한의 에너지 사용과 대기오염물질 배출 특성」 논문을 살펴보자. 2015년 기준으로 북한의 에너지 소비량은 우리나라의 4%에 불과하지만, 2008년 기준으로 미세먼지(PM10) 배출량은 우리나라의 2.6배, 초미세먼지(PM2.5) 배출량은 우리나라의 2.3배에 이른다. 2008년 기준의 수치를 구체적으로 보면 북한의 미세먼지 배출량은 291Gg(기가그램, 1Gg=10억 g), 초미세먼지 배출량은 128Gg이었고, 우리나라의 미세먼지 배출량은 110Gg, 초미세먼지 배출량은 56Gg으로 추정된다.

북한의 에너지 소비가 우리나라보다 매우 적음에도 불구하고 미세먼지를 비롯한 오염물질 배출량이 많은 이유는 무엇일까. 바이오매스라고 불리는 생물성 연료와 석탄의 사용비율이 상당히 높기 때문이다. 장작,

스모그로 뒤덮힌 평양.

목탄, 농업 부산물, 동물 폐기물 같은 생물성 연료는 연소 시 석탄, 석유
보다 수 배에서 수십 배에 이르는 미세먼지가 배출된다. 북한에서 1990
년대 큰 홍수 피해, 채굴 기술의 한계 때문에 석탄 생산량이 줄고, 2010
년 이후 석탄 수출량이 증가하면서 생물성 연료 사용이 크게 늘었다. 국
제에너지기구가 북한의 에너지 소비량을 산출한 바에 따르면, 전체 에너
지 소비량에서 생물성 연료가 차지하는 비중은 1997년 4.5%에서 2016
년 10.3%로 2배 이상 커졌다. 특히 생물성 연료는 연소 시 불완전연소의
비율이 높아 미세먼지 구성성분인 유기탄소, 블랙카본(BC) 등이 많이 배
출된다. 또 북한의 1차 에너지원 중에서 큰 비중을 차지하는 석탄화력발
전 역시 미세먼지의 주 오염원이다.

　북한의 초미세먼지 배출량은 우리나라보다 많다. 2023년 2월 한국
식품커뮤니케이션포럼에 따르면, 이화여대 의대 연구진이 2000년부터

2017년까지 세계은행, WHO 등에서 발표한 자료를 바탕으로 북한의 초미세먼지 배출량(36.5μg/m³)을 분석해 우리나라(28.3μg/m³)보다 1.3배 높다는 결과를 도출했다. 연구진은 북한에서 연소율과 열효율이 낮은 취사·난방 연료, 질이 낮은 석탄을 많이 사용하기 때문에 초미세먼지 배출량이 많다고 설명했다.

또 2023년 1월 연세대, 이화여대, 건국대 공동 연구진이 2005~2018년 인공위성 자료를 기반으로 북한의 대기오염 추세를 분석해 《국제 환경(Environmental International)》에 발표한 논문도 주목할 필요가 있다. 연구진은 미국항공우주국(NASA)의 오라(Aura) 위성과 테라(Terra) 위성, 천리안 1호 위성의 자료를 이용해 이산화질소, 이산화황, 일산화탄소, 미세먼지 등을 동시에 분석하고, 도시별 오염도까지 알아냈다. 분석 결과 북한 전체의 이산화질소 오염도는 우리나라의 31% 수준, 이산화황은 우리나라의 81% 수준, 일산화탄소는 우리나라의 97% 수준으로 나타났으며, 초미세먼지의 경우 우리나라의 152% 수준으로 밝혀졌다. 북한 전역의 초미세먼지 연평균 농도는 2015년 43.5μg/m³, 2016년 40μg/m³, 2017년 41.1μg/m³, 2018년 42.7μg/m³로 추정됐다. 평양의 초미세먼지 연평균 농도는 2015년 55.7μg/m³, 2016년 50.4μg/m³, 2017년 45.4μg/m³, 2018년 47.2μg/m³로 나타나 같은 기간 서울 오염도의 1.94배를 기록했다. 특히 북한에서 평양을 비롯해 남포, 북창, 문천 등의 오염이 심한 것으로 분석됐다.

그렇다면 북한의 영향은 어느 정도일까. 2018년 4월 아주대 연구진이 《한국대기환경학회지》에 발표한 「수도권 초미세먼지 농도 모사: 북한

배출량 영향 추정」논문에 따르면, 수도권의 초미세먼지 가운데 14.7%
정도가 북한발로 추정된다. 건강에 해로운 유기탄소의 경우 27.4% 정도
가 북한에서 유래한 것으로 추정된다.

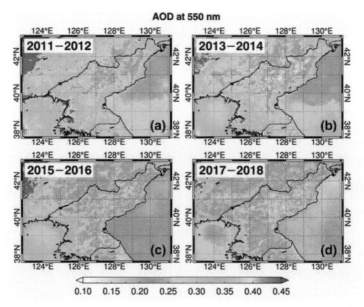

인공위성 천리안의 에어로졸 광학 두께(AOD) 측정값. 북한의 초미세먼지 오염도를 나타내는 수치인
데, 2011~2012년에 비해 시간이 갈수록 오염도가 감소하는 것을 확인할 수 있다. © Environmental
International

2. 미세먼지에 국경은 없다

어느 한 국가에서 생성된 미세먼지는 국경을 넘어 이웃 나라에 영향을 미치기도 한다. 우리나라에 미세먼지가 심한 날, 이웃 나라 중국의 탓을 하는 이유다. 동남아시아, 유럽, 북미 등에서는 이웃 국가의 대기오염 문제를 어떻게 해결하고 있을까.

월경성 연무오염 아세안협정(AATHP)

동남아시아를 비롯한 아시아는 대기 상태가 좋지 않다. 베이징, 델리, 자카르타처럼 대기질이 최악인 대표적인 도시가 곳곳에 포진해 있고, 노후 교통수단이 많으며 무분별한 화전(火佃)도 아직 남아 있다. 화전은 주로 산간 지대에서 풀과 나무를 불로 태운 뒤 그 자리를 일구어 농사를 짓는 밭이다.

2000년대 이전에는 화전이나 농장을 조성하려고 산림을 태우는 화재로 인해 발생하는 연무가 심각한 대기오염을 일으켰다. 이런 산불은 쉽게 꺼지지 않고 이탄지를 만나면 수개월 동안 연무를 발생시켰다. 이탄지는 나뭇잎, 나뭇가지 같은 동식물의 잔해가 완전히 분해되지 못하고 퇴적돼 형성된 늪지대인 탓이다.

1990년 아세안(ASEAN) 회원국들은 제4차 환경회의를 갖고 '쿠알라룸 푸르 합의서'를 채택해 처음 '월경성 대기오염'에 대해 의논했다. 한 국가 에서 발생한 환경문제(대기오염)가 국경을 넘어 인접 국가에 영향을 미치 는 경우 이 문제를 '월경성 환경문제(대기오염)'라고 한다. 동남아시아의 연 무, 유럽의 산성비 등이 이에 속한다. 아세안 국가들은 지속적으로 협의 한 끝에 2002년 '월경성 연무오염 아세안협정(AATHP)'을 체결했고, 화재 및 연무 예방, 감축, 모니터링을 하기로 했다. 하지만 연무가 가장 빈번히 발생하는 인도네시아는 10년 이상 이 협정을 비준하지 않았다. 인도네시 아는 연무를 국내 문제로 간주했고 아세안의 내정불간섭 원칙을 내세웠 기 때문이다.

2013년 인도네시아 수마트라섬에서 거대한 산불이 나면서 상황이 바뀌었다. 이 산불로 생긴 막대한 연무가 편서풍을 타고 말레이시아와 싱가포르로 흘러들었다. 이에 말레이시아는 국가비상사태를 선포했고, 싱가포르는 야외활동을 전면 금지했다. 특히 싱가포르는 선박·항공·물 류·관광 산업에 큰 피해를 입었고, 그 이듬해인 2014년 8월엔 외국에서 발생한 대기오염의 피해자가 손해배상 청구를 자국 법원에 할 수 있는 '초국경 연무 오염법'을 의결해 공포했다. 싱가포르는 규제법을 마련해 압 박하는 동시에 소방헬기와 인력을 지원하기도 했다. 결국 인도네시아는 2014년 10월에 AATHP를 비준했다.

이후 인도네시아 정부는 2016년 '이탄지 모라토리엄', 2018년 '팜유

모라토리엄'을 선언하면서 무질서한 산림 방화를 막고자 노력했다. 모라토리엄은 이탄지나 천연림처럼 생태적으로 중요한 산림에 대해 더 이상 추가 개발(벌채)을 허가하지 않겠다는 계획이다. 특히 이탄지는 탄소 저장 효과도 일반 산림의 10배에 이르지만(인도네시아는 우리나라 면적의 1.5배에 달하는 1500만 ha의 이탄지를 보유해 세계 최고 탄소흡수원으로 꼽힌다), 불이 나면 저장된 탄소 때문에 대형 산불로 번진다. 인도네시아는 지방에서 산불을 막는 노력을 하는 한편, 자카르타 같은 도시에선 주요 도심 차량 강제 2부제를 실시했다.

유럽, 장거리 월경성 대기오염에 관한 협약(CLRTAP)

유럽은 산업이 발달한 국가들이 밀접해 있는 만큼 국내외 오염원을 제대로 구별하기 힘들다. 국내보다 국외에서 유입되는 미세먼지가 더 많아 국가 간 공동 대응은 선택이 아니라 필수다. 유럽연합(EU) 회원국들은 자국 미세먼지의 외부 오염원이 주로 어디인지 굳이 찾아내려 하지 않는다. 대기오염은 오염원을 잡아내기 힘들다는 인식이 오래전부터 자리 잡혀 있고, 기준 이상으로 오염이 심각한 국가에 대해 EU 차원에서 엄격한 사전 제재와 경고를 내리기 때문이다. 이에 영국을 비롯한 유럽 국가들은 자국에서 미세먼지가 생겼을 때 주변국에 어떤 영향을 미치는지 협력해 분석한다.

영국을 포함한 EU 국가는 2001년부터 '특정대기오염물질 배출한도지침(NECD)'을 마련했다. 이 지침을 위반한 회원국은 유럽사법재판소에 제소돼 무거운 벌금을 물어야 한다.

실제로 2016년 폴란드는 미세먼지 농도 기준을 초과했기에 유럽사법재판소에 서야만 했고, 2018년 독일은 주요 도시의 질소산화물 배출량이 기준치를 넘어서면서 EU집행위원회에 자체적인 대기질 개선방안을 제출하기도 했다.

사실 유럽이 국경을 넘나드는 대기오염에 협력해 대처하는 움직임은 1970년대부터 나타났다. 1972년 기술협력이 시작됐고, 1979년 다자간 환경협약인 '장거리 월경성 대기오염에 관한 협약(CLRTAP)'의 서명이 시작됐다. 유엔 유럽경제위원회(UNECE)가 감독하는 '유럽 모니터링 및 평가프로그램(EMEP)'에 의해 체결된 이 협약은 1983년 발효됐다.

협약 체결 이전인 1960~1970년대 유럽 내 산성비 문제가 심각했다. 특히 스웨덴, 노르웨이를 포함한 북유럽 국가에 극심한 산성비로 인한 오염이 심해지자 해당 국가들이 국제기구에 조사를 의뢰했는데, 산성비의

2021년 12월 스위스 제네바에서 열린 CLRTAP 협약을 위한 제41차 집행기관 세션. © 슬로베니아 정부

원인인 이산화황(아황산가스)이 영국과 서독에서 왔다는 결과가 나왔다. 북유럽 산성비 오염의 주범은 영국과 서독임이 밝혀진 셈이다. 이를 계기로 유럽 각국은 개별 국가의 노력만으로 대기오염 문제를 해결하기 힘들다는 사실을 깨닫고 CLRTAP 협약을 체결했다. 유럽 내 장거리 이동 대기오염물질을 저감하기 위한 유럽의 협력체제가 본격적으로 출범한 셈이다. 현재 EU 회원국은 물론이고 영국, 러시아를 포함해 대서양 넘어 미국, 캐나다까지 총 51개국이 이 협약에 참여하고 있다.

2012년에는 CLRTAP 협약에 미세먼지 기준이 새롭게 포함됐다. 회원국은 국가별로 2005년에 비해 2020년 이후에 미세먼지 등을 얼마나 감축할지 정하고 이를 따라야 한다. 예를 들어 벨기에는 2030년까지 초미세먼지를 2005년에 비해 39% 감축하기로 했고, 폴란드(58%), 체코(60%)처럼 미세먼지 농도가 높은 동유럽 국가는 감축 목표치가 더 높다. EU는 국가별로 감축 목표치를 준수하지 않거나 대책이 소홀하다면 법적 제재 등으로 강력히 대응한다. 2017년에도 EU 집행위는 대기법령을 상습적으로 위반한 영국, 독일, 프랑스 정부 등에 시정조치를 취하라는 명령을 내렸다.

유럽은 이런 노력 덕분에 대기오염으로 인한 조기 사망 위험을 1990년에서 2015년 사이에 절반 정도로 낮췄다. 그럼에도 2019년 독일 마인츠 의대를 비롯한 국제연구진이 《유럽심장학회지》에 발표한 논문에 따르면, 2015년 기준 조기 사망자가 79만 명으로 추산됐다. 이에 EU는 2030년까지 유럽 내 초미세먼지 배출을 49% 줄이고, 대기오염으로 인한 조기 사망자를 현재의 50% 수준으로 줄이겠다는 목표를 제시했다.

미국-캐나다 대기질 협정(AQA)

1970년대 캐나다와 미국은 산성비에 대한 책임 소재를 두고 논쟁을 벌였다. 당시 캐나다 동부와 미국 동북부 지역에 산성비가 심하게 내리자 양국은 원인을 밝히고자 조사에 들어갔다. 조사 결과 캐나다에 내리는 산성비의 50%가 미국 때문이었고, 미국에 내리는 산성비의 15%가 캐나다 때문이었다.

캐나다는 지질학적으로 산성비에 취약해 토양 생태계에 문제가 생길 수 있었다. 산림 의존도가 높은 캐나다는 미국에 강하게 항의했지만, 미국은 소극적인 태도로 협상에 임했다. 1978년 미국 의회는 대기질 협정에 관해 캐나다 정부와 교섭하라고 국무성에 요청했다. 양국은 대기오염 물질의 장거리 이동에 대한 정보를 교환하고 관련 연구 활동을 협의하기 위한 그룹을 만들었고, 1980년 '월경성 대기오염에 관한 의향각서'를 체결한 뒤 여러 공동연구를 했다.

1984년엔 미국 연방정부와 지방정부가 북동쪽 7개 지역의 황산화물 배출 수준을 1994년까지 1980년 기준의 50%로 감축하는 데 합의했다. 이후 미국은 대기오염에 대한 자국 내 여론과 주변국과의 무역을 의식하면서 구속력이 있는 의정서 체결 교섭에 적극적으로 나섰다. 마침내 1991년 양국은 '미국-캐나다 대기질 협정(AQA)'을 체결했다.

AQA 협정의 서문에는 1972년 UN에서 합의된 '스톡홀름 원칙21'을 담았다. 즉 '다른 국가의 환경에 손해를 끼치지 않을 책임'을 재확인했다는 뜻이다. 또 협정의 부속서 2개를 통해 이산화황 같은 황산화물, 질소 산화물, 휘발성 유기화합물의 배출을 관리하고 국가별로 배출 관리구역을 지정하기로 합의했다. 이 협정은 양국의 대기오염 문제를 해결하기 위한 공동대응책을 마련하는 것이 골자이며, 상대국에 심각한 대기오염을 일으킬 수 있는 활동에 대해 환경영향평가, 사전 통지, 저감 협의, 정보 제공 등의 구체적 의무를 규정하고 있다. 또 이후 지표면 오존에 관한 내용을 협약에 추가하기도 했다.

양국은 대기오염물질의 국가 간 이동을 줄이기 위해 지속적으로 협력해 왔으며, 산성비와 스모그를 유발하는 대기오염물질을 크게 줄이는 데 성공했다. 캐나다의 경우 1990년부터 2019년까지 이산화황 배출량이 총 77% 감소했으며, 같은 기간 질소산화물 배출량은 총 29% 감소했다.

3. 동북아 한·중·일 협력은 어떻게?

황사나 미세먼지는 몽골이나 중국에서 발생하면 우리나라뿐만 아니라 일본에도 영향을 미친다. 우리나라, 중국, 일본은 특히 미세먼지 문제로 골치를 앓기도 했다. 동북아시아에서 우리나라는 중국, 일본과 어떻게 협력해서 미세먼지 문제를 풀어가야 할까.

한·중·일, 동북아시아 장거리 이동 대기오염물질 국제공동연구사업(LTP)

황사, 미세먼지처럼 발생한 뒤 장거리를 이동해 국가 간에 영향을 미치는 대기오염물질을 '장거리 이동 대기오염물질'이라고 한다. 환경부는 황사, 미세먼지(PM10), 초미세먼지(PM2.5), 수은, 납 등을 장거리 이동 대기오염물질로 지정해 주의 깊게 관찰해 오고 있다.

특히 미세먼지는 한국, 중국, 일본이 관심을 집중하고 있는 장거리 이동 대기오염물질이다. 한국, 중국, 일본은 동북아시아 대기질 현황을 파악하고 개선하기 위해 1995년에 합의한 뒤 1999년부터 단계별 LTP 사업을 추진하고 있다. '동북아시아 장거리 이동 대기오염물질 국제공동연구사업(Long-range Transboundary air Pollutants research project)'을 뜻하는 LTP 사업은 3국의 환경장관이 합의한 국가 간 공식사업이다.

한·중·일 3국은 LTP 사업을 통해 미세먼지를 비롯한 오염물질의 모니터링과 모델링을 진행하고 있다. 모니터링 분야에서는 장기간 상시 관측, 단기간 집중 측정 등을 진행하고, 모델링 분야에서는 국가 간 대기오염물질의 이동을 고려한 '배출원-수용지 관계'를 연구하고 있다. 1999~2004년의 1단계 사업기간 중에는 우리나라 강화, 중국 다롄(大連), 일본 오키(隱岐) 등 8개 지점에서 미세먼지(PM10), 초미세먼지(PM2.5), 이산화황, 질소산화물, 오존 등의 오염물질을 측정했다. 이후 2022년까지 5단계 사업이 진행됐다.

특히 2019년 11월에는 국립환경과학원은 그동안 LTP 사업 요약보고서를 공개하며 한·중·일 3국의 초미세먼지 영향과 역학관계에 대한 결과물을 발표한 바 있다. 3국의 전문가들은 우리나라 3개 도시(서울, 대전, 부산), 중국 6개 도시(베이징, 상하이, 톈진, 칭다오, 선양, 다롄), 일본 3개 도시(도쿄, 오사카, 후쿠오카)의 2017년 연평균 초미세먼지 농도를 기준으로 각국의 자체 기여도와 국외 배출원의 영향을 산출했다. 그 결과 우리나라 초미세먼지는 절반 이상인 51%가 국내 영향을 받았으며, 32%가 중국의 영향을, 2%가 일본의 영향을 각각 받은 것으로 나타났다.

'한·중 환경협력센터', 중국 베이징에 설치

한때 미세먼지 문제가 전 국민의 관심사로 떠올랐을 때 많은 국민은 고농도 미세먼지가 중국 때문이라고 생각하며 우리 정부가 왜 중국 정부에 한 마디도 못하냐고 불만을 터뜨리기도 했다. 하지만 실제 우리 정부는 중국 정부와 정상급, 장관급, 실무급 등 다양한 차원에서 미세먼지 문제를 계속 논의해 왔다.

그동안 우리 정부는 2017년 12월 한·중 정상회담, 2018년 5월 한·중·일 정상회담과 6월 한·중·일 장관회의를 통해 중국 정부와 미세먼지 문제에 대해 다방면으로 토의해 왔다. 2018년 11월 아시아태평양경제협력체(APEC) 회의에서도 한·중 정상은 미세먼지를 비롯한 환경문제에 대한 공동 대처를 의논했다.

다만 중국과의 문제는 정치·경제적 상황의 영향을 받고 국가 간 외교 사안인 만큼 현실적 접근이 필요하다. 한·중 양국이 미세먼지 문제를 공동의 문제로 인식하고 연구 단계에서부터 기술협력, 정책협력 단계까지 확대해 나가는 것이 중요하다.

특히 2017년 개최된 12월 한·중 정상회담에서 양국 환경장관이 '2018~2022 한·중 환경협력계획'에 서명하고 실용성 있는 계획을 추진하고자 이행기구인 '한·중 환경협력센터'를 공동으로 설치하고 운영하기로 합의했다. 이후 양국의 관련 실무자들은 한국과 중국을 오가며 여러 차례 후속 회의를 하며 환경 현안에 관한 정책교류, 공동연구, 환경산업·기술협력에 대한 세부사업을 발굴하고 '한·중 환경협력센터' 설립에 대한 세부 내용을 의논했다. 한·중 환경협력센터는 2018년 6월 중국 베이징에 설립됐으며, 미세먼지를 포함한 대기, 물, 토양·폐기물, 자연 등 4개 분야를 우선 협력 분야로 설정했다.

한·중 환경협력센터는 한·중 양국 정상의 '한·중 공동성명', 한국 환경부와 중국 생태환경부의 '환경협력 양해각서' 등에 따라 2018년 6월 25일 중국 베이징에 설립됐다. © 한·중 환경협력센터

한·중 환경협력센터는 한·중 양국 정상이 발표한 '한·중 공동성명', 한국 환경부와 중국 생태환경부가 체결한 '환경협력 양해각서(MOU)', '한·중 환경협력 강화 의향서', '한·중 환경협력계획(2018~2022년)'에서 제시한 환경협력 요구를 실현할 목적으로 개소했다. 센터는 한·중 양국이 함께 하는 한·중 환경협력 국가플랫폼으로 생태환경 정책교류, 기술교류, 공동연구, 기술산업화 등의 영역에서 실무적 협력을 추진하고 양국 간 유대를 강화하는 교량 역할을 한다. 또 센터에는 한·중 대기환경 연합 연구실험실 등이 갖춰져 있다.

우리나라는 중국과의 환경협력 소통창구이자 중국과의 환경협력 거점으로 한·중 환경협력센터를 이용해 왔다. 구체적으로 양국 수요에 부응하는 맞춤형 협력사업을 발굴해 현지 정보를 우리나라에 제공하고,

우리나라의 사업기관과 중국 측 간의 협력을 지원하고 있다. 협력사업으로 미세먼지를 포함한 대기질의 공동조사 연구 등을 추진한 바 있다.

'동북아청정대기파트너십(NEACAP)'을 넘어서

동북아시아 대기오염 문제에 대응하고자 한·중·일 3국은 여러 방면에서 협력해오고 있다. 대표적인 예가 '한·중·일 환경장관회의(TEMM)', '동북아환경협력계획(NEASPEC)', 한·중·일 환경과학원 간 '동북아시아 장거리 이동 대기오염물질 공동연구사업(LTP)', '동아시아 산성비 모니터링 네트워크(EANET)' 등이 있다.

1993년부터 전문가들의 참여로 출범한 '동아시아 산성비 모니터링 네트워크(EANET)'는 우리나라, 중국, 일본 등 동아시아지역 13개국이 참여하고 있다. 1998~2000년 정부 당국이 회의했으며, 2001년부터 산성비 모니터링을 비롯한 활동을 본격적으로 시작했다. EANET은 동아시아지역의 산성비 실태 파악, 산성비 피해 방지 정책에 유용한 자료 제공 등을 목적으로 하는데, 각국이 EANET에 산성비 모니터링 결과를 보고하는 관측 지점은 우리나라 3곳을 포함해 모두 54곳이다.

2018년 10월엔 동북아환경협력계획(NEASPEC) 산하에서 우리나라를 비롯한 6개국이 역내 대기오염을 저감하기 위한 공동 대응체제인 '동북아청정대기파트너십(NEACAP)'이 출범했다. NEASPEC은 우리나라 주도로 1993년 설립된 동북아의 환경협력체이며, 일본, 중국, 러시아, 몽골, 북한이 함께 참여해 대기오염, 해양쓰레기, 자원보존 등 환경이슈와 관련해 협력을 추진해 왔는데, 2018년 동북아 대기질을 개선하기 위한 별도 협

2018년 10월 대기오염을 저감하기 위한 공동 대응체제인 동북아청정대기파트너십(NEACAP)이 출범했다. © 환경부

의체로 NEACAP이 시작된 것이다. NEACAP은 미세먼지를 포함한 대기오염 관련 정보 파악, 공동연구 활동, 관련 정책 제언 및 과학 기반 정책 협의를 목표로 구성됐다. 인천 송도에 사무국이 설치됐으며, 2019년 7월 서울에서 제1차 회의를 열었다. NEACAP은 동북아에서 미세먼지, 오존 같은 대기오염물질 배출량을 줄여나가는 데 도움이 될 것으로 기대됐다.

대기환경 분야에서 동북아의 협력 관계를 들여다보면, 일본이 EANET을 강조하고 우리나라는 NEASPEC을 강조하는 경쟁 구도도 있다. 이 때문인지 동북아는 CLRTAP, AQA, AATHP처럼 구속력 있는 지역 대기환경협약을 체결하는 데까지 이르지 못하고 있다.

동아시아지역의 국가 대부분은 미세먼지를 비롯한 대기오염의 정도가 심해지고 있지만, 국가 간의 협력 메커니즘 같은 제도적 대응체계가 미흡하다는 목소리도 나온다. 2023년 9월 국가미세먼지정보센터와 유엔 아시아 태평양 경제사회위원회(UN ESCAP) 동북아사무소가 개최한 '2023 대기오염물질 배출정보관리 국제 학술토론회(심포지엄)'에서 나온 지적이다. 여기서는 과학적 협력을 기반으로 모범 사례 공유, 장기적 제도체계 마련, 대기오염 파트너십 지원, 인공위성 활용 대기질 모니터링 등을 통해 대기관리 다자협력체계를 구축함으로써 '대기오염 아시아 태평양 행동계획'을 형성해야 한다는 의견이 모였다.

꼭꼭 씹어 생각 정리하기

1. 2023년 4월 황사가 심해지자 우리나라 언론에서 중국발 황사를
   비난하는 보도를 했고, 중국 정부는 관영 환구시보를 통해 우리 언론
   보도를 비판했습니다. 우리나라 언론과 중국 정부의 의견에 대해
   알아보고, 각각의 의견에 대해 어떻게 생각하는지 정리해 봅시다.

   _____

   _____

2. 수도권에 고농도 미세먼지가 발생할 때 외부 영향으로 중국과 함께
   거론되는 곳이 북한입니다. 북한에서 미세먼지를 비롯한 대기 오염
   물질을 많이 배출하는 이유는 무엇인지 설명해 봅시다.

   _____

   _____

3. 2013년 인도네시아 수마트라섬에서 거대한 산불이 나서 산불로 생긴
   막대한 연무가 바람을 타고 말레이시아와 싱가포르로 흘러들자,
   말레이시아는 비상사태를 선포하고 싱가포르는 야외활동을
   금지했습니다. 인도네시아는 어떻게 해야 하는지 생각해 봅시다.

   _____

   _____

4. 유럽의 많은 국가는 장거리 월경성 대기오염에 관한 협약(CLRTAP)에 서명하고 이를 준수하고 있습니다. 이 국가들이 협약에 참여한 이유는 무엇인지 알아보고 정리해 봅시다.

.

---

5. 우리나라는 중국, 일본과 함께 미세먼지 문제를 풀기 위해 어떤 노력을 하고 있는지 조사해 보고, 이 중에서 어떤 것이 가장 중요한지 생각해 봅시다.

---

6. 우리나라, 중국, 일본이 속한 동북아시아는 유럽의 장거리 월경성 대기 오염에 관한 협약(CLRTAP), 월경성 연무오염 아세안협정(AATHP) 처럼 구속력 있는 지역 대기환경협약을 체결하는 데 이르지 못하고 있습니다. 그 이유가 무엇인지 알아보고, 협약 체결에 도달할 수 있는 방안을 제시해 봅시다.

맺음말 ✳ ⋯⋯⋯⋯⋯⋯⋯⋯⋯⋯⋯⋯⋯⋯⋯⋯⋯⋯⋯⋯⋯⋯⋯⋯⋯⋯⋯

인류세의 관점에서 바라보는 미세먼지

핵실험, 플라스틱 같은 인공물의 증가, 닭 소비 증가, 이산화탄소와 메탄 농도의 급증, 대기·수질·토양 오염 증가, 지구 온난화의 급격한 확대 등으로 인해 특정 기간에 여러 생물종의 급격한 멸종⋯⋯. 인류가 지구 기후와 생태계를 변화시켜 만들어진 새로운 지질시대를 뜻하는 '인류세(人類世)'에 나타난 현상이다. 인류의 활동에 따라 지구 환경에 영향을 미치는 미세먼지 문제도 인류세의 특징 중 하나에 해당한다.

인류는 자연환경을 파괴하면서 지구 환경 시스템을 급격하게 변화시켜 왔다. 그동안 지질연대로는 1만 2000년 전 지구에서 인류가 번성할 때부터 현대까지를 신생대 마지막 시기인 '홀로세'로 분류했다. 하지만 2000년 네덜란드 화학자 파울 크뤼천(1995년 노벨화학상 수상)은 산업혁명으로 인해 오존층에 구멍이 나면서 새로운 지질연대에 접어들었다면서 인류세 도입을 주장했다. 인류세는 자연적으로 생성된 지질연대와 구분되며, 인류가 지구 환경에 무시할 수 없는 영향을 미친 지질학적 시기를 말한다.

미국, 프랑스 등 12개국의 연구자들로 구성된 국제지질학연합은 2009년 인류세를 연구하는 워킹그룹을 설립했다. 인류세 워킹그룹은 2019년 인류세의 시작점을 1950년대로 정하는 것을 합의했고, 2023년 7월 투표를 거쳐 캐나다 크로퍼드 호수를 인류세를 대표하는 지층인 국제표준층서구역으로 선정했으며, 플루토늄을 인류세의 주요 마커(표지)로 선정했다. 여러 후보지 중에서 1950년대 실시된 핵폭탄 실험에 의한 플루토늄 등의 화학적 흔적이 발견된 크로퍼드 호수의 퇴적물이 인류세의 시작점을 명확히 나타내고 있기 때문이라고 한다.

인류세 워킹그룹에서는 산업화의 시작을 알린 화석 연료의 사용 흔적을 분석하면서 특히 화석 연료를 태울 때 나오는 미세먼지가 온실가스, 방사성 원소 등 다른 물질과 같은 패턴으로 변하는지를 면밀하게 검토했다. 인류세를 대표하는 지층과 인류세의 주요 마커를 찾는 과정에서 미세먼지가 그만큼 인류세의 주요 현상 중 하나로 주목받은 것이다.

미세먼지는 자동차나 공장에서 화석 연료를 태울 때뿐만 아니라 불꽃놀이 축제에서도 발생한다. 인도 델리에서는 불꽃놀이 축제를 벌인 이후 심각한 미세먼지로 인해 시민들의 평균 수명이 4년 단축됐다고 한다.

이는 인류세를 잘 확인할 수 있는 '흔적' 중 하나라고 할 수 있다. 인류가 심화시킨 미세먼지는 지구 대기에 영향을 미치는 것은 물론이고 인류 자신에게도 그 영향을 되돌려주고 있는 셈이다.

2010년대 들어서야 우리나라는 미세먼지 문제를 해결할 대책을 수립하는 고민을 본격적으로 시작했다. 고농도 미세먼지가 찾아올 때마다 마스크 쓰기가 주요 대처법의 하나로 거론되고 있다. 우리는 언제까지 마스크를 써야 할까? 이 질문에 대한 답은 한마디로 우리가 얼마나 친환경적으로 바뀌는지에 달려 있다는 것이다. 국가적으로는 석탄화력 발전소를 없애고 재생에너지 비율을 높여야 하고 석유를 태우는 차량을 친환경 차량으로 전환해야 한다. 일반 국민은 전기를 덜 사용하고 자동차를 덜 타면 된다. 간단한 듯 보이지만 사실 어려운 해결책이다. 국가 입장에서 당장은 경제발전에 도움이 안 되고, 개인은 불편함을 감수해야 한다.

코로나19 팬데믹 시기에 중국과 우리나라에서 사람의 이동이 제한되고 화석 연료 사용이 줄면서 미세먼지 문제가 다소 누그러들기도 했다. 미세먼지로 가득했던 하늘이 한동안은 푸르고 청명함을 유지했다. 미세먼지에 대한 궁극적 해법은 결국 우리가 '경제발전'과 '편리함'을 어느 정도 포기하고, 조금은 불편하더라도 지속가능한 발전을 추구하는 것일지도 모른다.